Rakhi Gawali
Raghunath Bhosale

Novos derivados de naftoxazina como agentes antitubulina e anti-HIV

Rakhi Gawali
Raghunath Bhosale

Novos derivados de naftoxazina como agentes antitubulina e anti-HIV

Síntese, caraterização e avaliação biológica

ScienciaScripts

Imprint

Any brand names and product names mentioned in this book are subject to trademark, brand or patent protection and are trademarks or registered trademarks of their respective holders. The use of brand names, product names, common names, trade names, product descriptions etc. even without a particular marking in this work is in no way to be construed to mean that such names may be regarded as unrestricted in respect of trademark and brand protection legislation and could thus be used by anyone.

Cover image: www.ingimage.com

This book is a translation from the original published under ISBN 978-620-7-45260-6.

Publisher:
Sciencia Scripts
is a trademark of
Dodo Books Indian Ocean Ltd. and OmniScriptum S.R.L publishing group

120 High Road, East Finchley, London, N2 9ED, United Kingdom
Str. Armeneasca 28/1, office 1, Chisinau MD-2012, Republic of Moldova, Europe
Printed at: see last page
ISBN: 978-620-7-67568-5

Conteúdo

Gostaria de dar as boas-vindas ao fascinante mundo da Química. Este livro destina-se principalmente a licenciados, estudantes e investigadores no domínio da Síntese Orgânica no início das suas carreiras de investigação. Este livro de química foi elaborado com o maior cuidado e precisão para servir como seu companheiro na compreensão dos princípios da conceção de medicamentos com base na Relação Estrutura-Atividade. O principal objetivo é chamar a atenção para algumas das vias sintéticas utilizadas na "síntese de Oxazina" - o farmacóforo biologicamente ativo. A síntese de naftoxazinas, incluindo outras estruturas heterocíclicas como a pirimidina e o tiazol, é a parte mais importante da conceção de fármacos, uma vez que os compostos heterocíclicos são de especial interesse, pois constituem uma classe importante de produtos naturais e não naturais, muitos dos quais exibem actividades biológicas úteis. Nesta base, os heterociclos desempenham um papel importante na conceção e descoberta de novos compostos fisiológica ou farmacologicamente activos que conduzem à descoberta de novos medicamentos.

Uma grande parte do livro diz respeito à síntese, caraterização e avaliação biológica de novos derivados de naftoxazina sintetizados. As actividades biológicas, tais como as actividades antitubulina e anti-HIV e os estudos de acoplamento molecular, estão, na verdade, a expandir os horizontes da química da naftoxazina, juntamente com as partes pirimidina e tiazol. O estudo da relação estrutura-atividade dos derivados sintetizados ajuda os novos investigadores a aprender a conceber e a sintetizar moléculas de fármacos de acordo com as necessidades e aplicações.

Quer se trate de um estudante que está a iniciar a exploração da investigação em química ou de um entusiasta que procura aprofundar os conhecimentos, este livro foi concebido para fornecer um guia completo e acessível.

Queremos aproveitar esta oportunidade para agradecer à nossa família e amigos pelo apoio constante durante todo o trabalho deste livro. Os nossos agradecimentos especiais a toda a equipa de gestão e aos colegas da Escola de Ciências Químicas, da Universidade Punyashlok Ahilyadevi Holkar Solapur, Solapur e do Colégio de Artes e Ciências D. B. F. Dayanand, Solapur, Maharashtra, Índia.

Capítulo 1

Introdução

1.1 Introdução às oxazinas

Os compostos heterocíclicos são de especial interesse porque constituem uma classe importante de produtos naturais e não naturais, muitos dos quais exibem actividades biológicas úteis. Vários compostos naturais, como aminoácidos, alcalóides, vitaminas, hormonas, hemoglobina e muitos fármacos e corantes sintéticos contêm sistemas de anéis heterocíclicos. Um grande número de compostos heterocíclicos sintéticos, como as pirimidinas, o pirrol, a pirrolidina, o furano, o tiofeno, a piperidina, a piridina, o pirazol, o oxazol, a oxazina e o tiazol, apresentam uma atividade biológica significativa. Nesta base, os heterociclos desempenham um papel importante na conceção e descoberta de novos compostos fisiológicos/farmacologicamente activos que conduzem à descoberta de novos medicamentos[1] . A literatura revela que estes compostos são de grande interesse em termos práticos. A prática da química medicinal é dedicada à descoberta e ao desenvolvimento de novos agentes para o tratamento de doenças.[2]

Os heterociclos oxazínicos têm especial interesse porque constituem uma classe importante de produtos naturais e não naturais e apresentam actividades biológicas úteis. Devido à sua crescente importância no campo farmacêutico e biológico, planeámos sintetizar os derivados de oxazina para as suas actividades biológicas significativas.

O termo oxazinas foi introduzido pela primeira vez na literatura por Widman[3] num artigo sobre a nomenclatura destes anéis de seis membros com oxigénio e azoto, que se sabia estarem presentes em compostos como os corantes derivados do cromogénio, a fenoxazina **Fig. 1.1**, que foi sintetizada e nomeada por Bernthesen[4] .

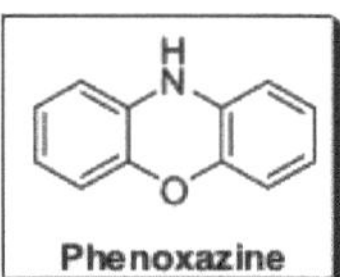

Fig. 1.1

As oxazinas aromáticas foram sintetizadas pela primeira vez em 1944 por **Holly e Cope** através de reacções de Mannich[5, 6] . Foram efectuados relativamente poucos trabalhos sobre os derivados simples destes sistemas de anéis e a maior parte destes trabalhos diz respeito aos compostos 1, 3 e 1, 4 reduzidos. A 1, 4 oxazina simples mais importante é a morfolina ou tetrahidro-1, 4 oxazina, que é um líquido incolor, miscível com a água.

As oxazinas são heterociclos de seis membros que contêm um átomo de oxigénio e um átomo de azoto, e quatro átomos de carbono. Dependendo das posições relativas dos dois heteroátomos, são possíveis várias estruturas isoméricas. As três classes possíveis, dependendo das posições relativas dos dois heteroátomos, são as indicadas na **Fig. 1.2**.

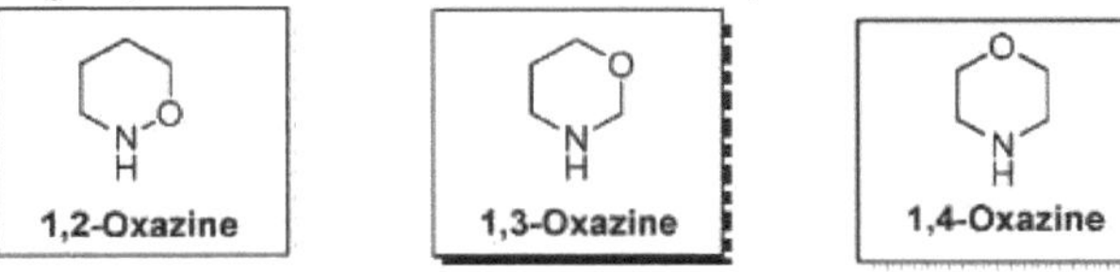

Fig. 1.2

A 1,2-oxazina é constituída por um anel de quatro átomos de carbono, um de oxigénio e um de azoto; os dois átomos hetero encontram-se na posição 1,2-. Da mesma forma, a 1,3-oxazina e a 1,4-oxazina consistem em quatro átomos de carbono, um oxigénio e um átomo de azoto; os dois átomos hetero estão na posição 1,3- e 1,4-, respetivamente. São possíveis várias estruturas isoméricas, dependendo do grau de saturação e da posição das ligações duplas. O anel totalmente saturado da tetra-hidro-1,3-oxazina pode existir na forma de cadeira ou de barco **Fig. 1.3**, em analogia com o ciclo-hexano.

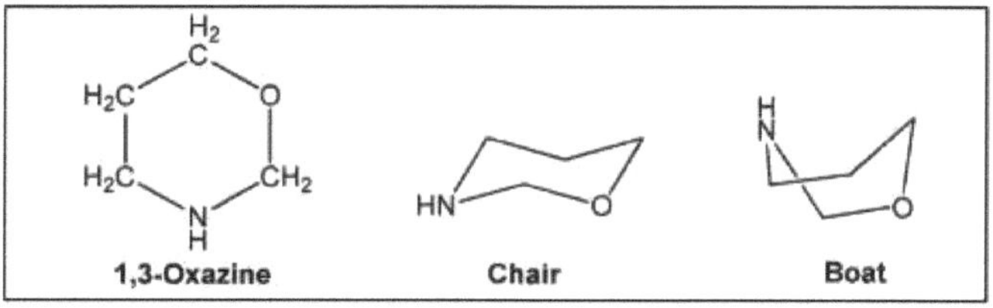

Fig. 1.3

As conformações dos anéis de dihidro-1,3-oxazina baseiam-se na analogia com o ciclo-hexano e também na análise conformacional de vários derivados de benz-1,3-oxazina. Devido à presença de uma ligação dupla, é imposta rigidez ao anel de oxazina. Assim, não é possível a conformação em cadeira ou em barco. Por conseguinte, várias di-hidro-1,3-oxazinas e derivados possuem uma conformação de tipo oblíquo **Fig. 1.4**.

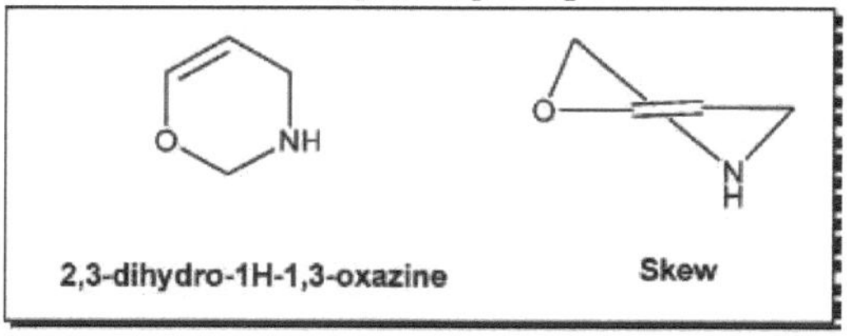

Fig. 1.4

Do mesmo modo, as oxazinas fundidas contêm oxigénio, azoto e quatro átomos de carbono, todos unidos num anel; fundidos com outra estrutura de anel de benzeno ou naftaleno. São possíveis várias estruturas isoméricas, dependendo das posições relativas dos dois heteroátomos e do grau de oxidação do sistema anelar. As três classes possíveis, dependendo das posições relativas dos dois heteroátomos, são as indicadas na **Fig. 1.5**.

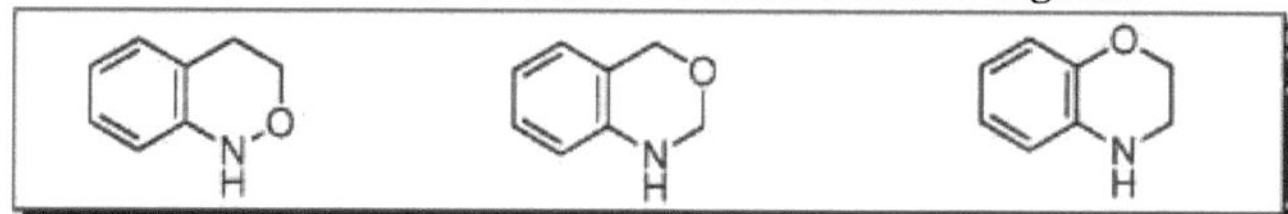

Fig. 1.5

A Benz-1,4-oxazina é constituída por um anel de quatro átomos de carbono, um de oxigénio e um de azoto; fundido com outro anel de benzeno, os dois átomos hetero estão na posição 1,4-. Da mesma forma, a Benz-1,3-oxazina e a Benz-1,2-oxazina consistem em quatro átomos de carbono, um oxigénio e um átomo de azoto; fundidos com outro anel de benzeno, os dois átomos hetero encontram-se na posição 1,3- e na posição 1,2-, respetivamente.

A reação de Mannich multicomponente utilizando p-naftol como reagente fenólico, amina primária e excesso de formaldeído dá origem a um derivado angular de 1, 3-oxazina fundido com nafto **Fig.1.6**.

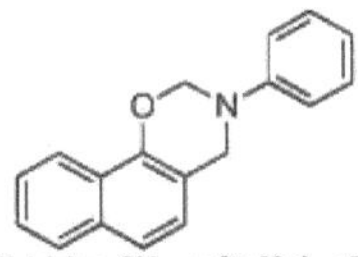

3-fenil-3,4-di-hidro-2H- nafto[2,1 -e][1,3]oxazina

Fig.1.6

Estes derivados da 1,3- oxazina têm recebido uma atenção considerável devido às várias propriedades farmacêuticas interessantes associadas a esta estrutura heterocíclica.

1.2 Revisão da literatura sobre a atividade biológica:

Os heterociclos oxazínicos têm especial interesse porque constituem uma classe importante de produtos naturais e não naturais e apresentam actividades biológicas úteis. Verificou-se que possuem propriedades biológicas variadas, tais como atividade antimicrobiana,[7, 8] anti-oxidante,[9] anti-inflamatória,[10] antituberculosa,[11, 12] antidiabética,[13] anti-plaquetária,[14] anti-maléfica,[15] anti-tumoral,[16, 17] e anticancerígena[18, 19]. Além disso, é ativo contra uma variedade de estirpes mutantes do VIH-1[20, 21] e os derivados da naftoxazina apresentaram potencial terapêutico para o tratamento da doença de Parkinson[22].

A sua crescente importância no campo farmacêutico e biológico, através desta revisão, planeamos recolher a síntese de derivados de oxazina para as suas actividades biológicas.

Atividade antimicrobiana registada

Shukla *et al.,*[23] sintetizaram 3-aril-3,*4-dihidro-2H-benz*[e]-1,3-oxazinas/6-bromo-3-aril-3,*4-dihidro-2H-benz*[e]-1,3-oxazinas puras **Fig. 1.7** na ciclização de *N*-(2-hidroxi)-benzil-arilamina com formaldeído em metanol em 0,5-1,0 h a 65-68 °C com excelentes rendimentos. Os compostos assim preparados foram analisados quanto aos seus estudos antimicrobianos contra bactérias Gram-positivas (*Staphylococcus aureus*), bactérias Gram-negativas (*E. coli*) e atividade antifúngica para *Candida albicans*.

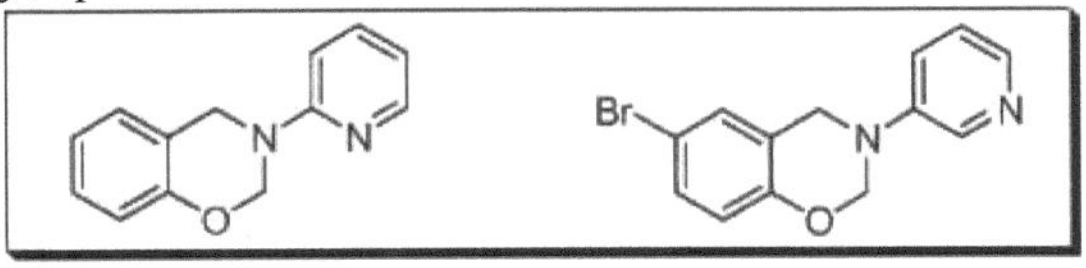

Fig. 1.7

Sayaji. S *et al,*[24] sintetizaram uma série de novos derivados de 2-[2-Amino-4(4-bromofenil)-*6H-1*,3-oxazina-6-il]-4-{3-[2-amino-4(4-bromofenil)-*6H-1*,3-oxazina-6-il]-4-hidroxibenzil} fenol **Fig. 1.8** do Bis [3-[(E)-3(4-bromofenil)-3-oxo1- ropenil]-4-hidroxifenil] metano com ureia e hidróxido de potássio em etanol. Alguns compostos da série exibiram uma atividade antibacteriana e antifúngica promissora em comparação com os medicamentos padrão.

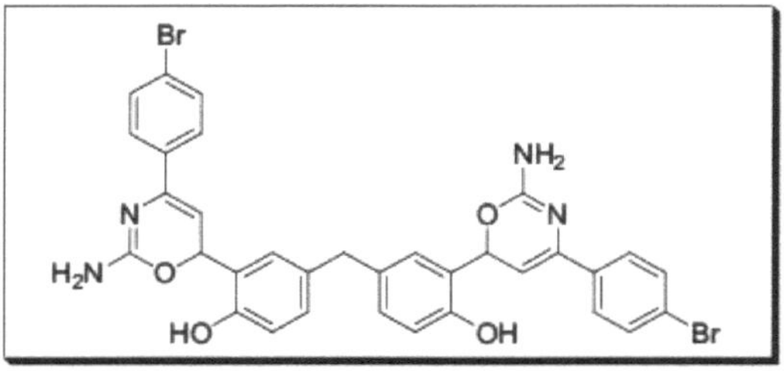

Fig. 1.8

Dhanya *et al.,*[25] sintetizaram uma nova série de 4-(4-substituído fenil)-6-substituído -*6H*- 1, 3-oxazinas a partir de reação catalisada por ácido. A condensação de Claisen-schmidt de aldeídos aromáticos substituídos com acetofenonas 4-substituídas produziu chalconas [(2E)-3-[(fenil substituído)]-1-[(4-substituído) fenil prop-2-eno-1-onas. Novos derivados de oxazina foram sintizados pela reação entre chalconas e ureia em meio de etanol na presença de HCl concentrado. A excelente atividade antibacteriana foi exibida pela 6-[2, 4- dimetoxifenil]-4-(4-metoxifenil)-*6H-1*, 3-oxazina -2 amina **Fig. 1.9** contra bactérias gram +ve.

Didwagh *et al.,*[26] sintetizaram uma nova síntese one-pot de uma série de derivados de 6-cloro-2, 4- difenil-3,4-*dihidro-2H-1*,3-benzoxazinas **Fig. 1.10 a** partir da reação de p-clorofenol e aldeído aromático substituído em solução metanólica de amoníaco.

Entre estes compostos, os derivados substituídos por metoxi têm mais atividade antimicrobiana do que os medicamentos padrão.

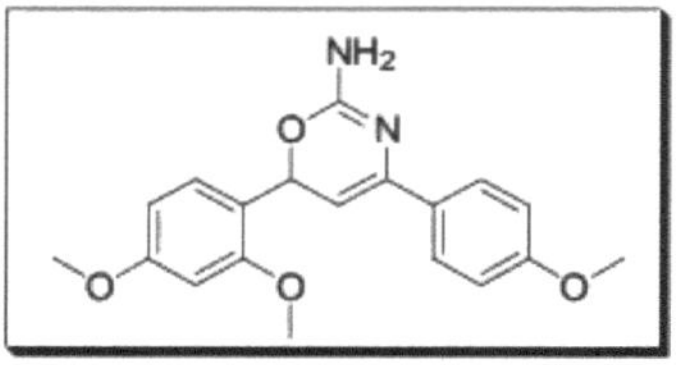

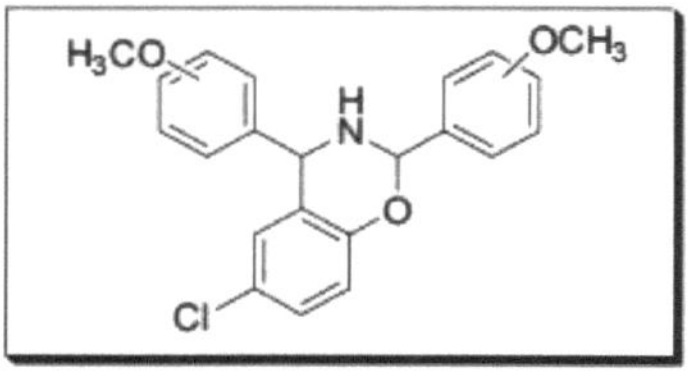

Fig. 1.9Fig   . 1.10

Sawant *et al.,*[27] sintetizaram uma nova série de bases de Schiff de 1, 3-oxazinas a partir de 4-bromo acetofenona e aldeído aromático substituído que reagiram na presença de hidróxido de sódio para dar chalconas substituídas. Em seguida, as chalconas substituídas reagiram com ureia para produzir análogos de 4-(4-bromo-fenil)-6-(fenil substituído)-*6H-1*,3-oxazina-2-amina. Estes compostos foram reagidos com aldeídos aromáticos substituídos para produzir 4-(4-bromofenil)-6-(fenil substituído)-2-{[(1E) (fenil substituído) metilideneno]}-6H-1,3-oxazina-amina.

Entre os compostos recentemente sintetizados, o composto 4-(4-Bromofenil)-6-(N,N-dimetilaminofenil)-N-[(E)(4-clorofenil) metilideno] -*6H-1*, 3-oxazina -2-amina **Fig. 1.11** revelou-se o composto antimicrobiano mais ativo contra a *Candida albicans*. O estudo revelou que os compostos apresentavam uma excelente atividade antibacteriana e antifúngica.

Mayekar *et al.,*[28] sintetizaram uma série de novas 8-bromo -1, 3-bis (aroil)-2, 3-*dihidro-1H-nafto* [1, 2-e][1,3]oxazinas. Em que o 6-bromonaftol sofre uma reação de fecho do anel com aldeídos aril e heteroaril substituídos para dar derivados de naftoxazinas.

Os compostos com grupos fenilo substituídos com flúor, cloro e metilo ligados à naftoxazina mostraram uma atividade promissora. No estudo da atividade fúngica, o composto 8-bromo-

1- (3-metilfenil)-3-(4-clorofenil)-2,*3-di-hidro-1H-naftol* [1,2-e] [1,3] oxazina **Fig. 1.12** emergiu com boa atividade contra *Aspergilus flavus*.

Atividade antituberculosa declarada

Bhat *et al.,*[29] sintetizaram alguns novos derivados de [1, 4] oxazina-2-ona através da reação de o-aminofenol com anidrido maleico. Outras bases de Mannich foram sintetizadas a partir de 3,3a-dihidro-benzo(b)furo(2,3-e)[1,4]oxazina-2-ona com aminas aromáticas substituídas e amino triazol. Os resultados sugerem que as 1, 4 oxazinas **Fig. 1.13** são potenciais compostos líderes em estudos antituberculosos, antibacterianos e antifúngicos.

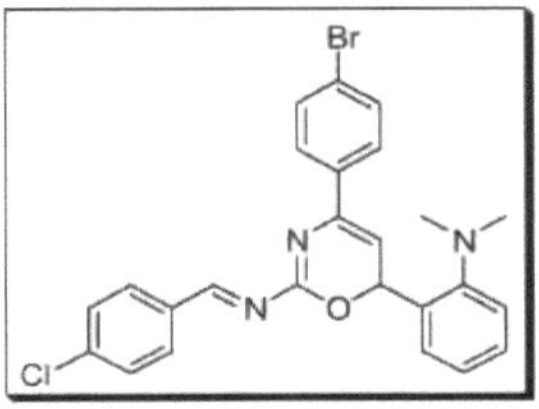

Fig. 1.11

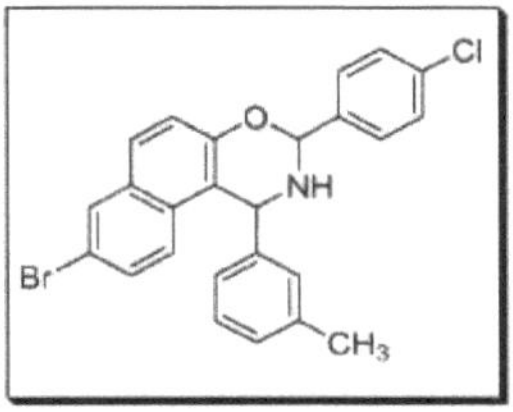

Fig. 1.12

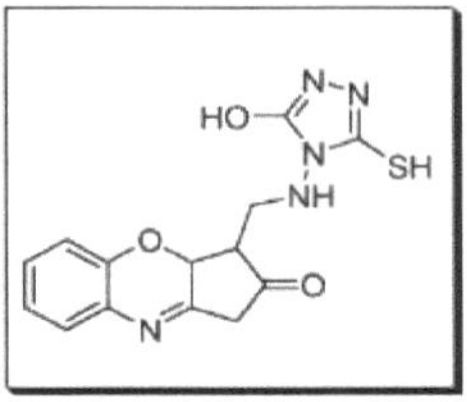

Fig. 1.13

Garin Gabbas *et al.,*[30] sintetizaram cinco novos derivados de 3, 4-dihidro-2H-benzo e nafto-1, 3- oxazina através de um procedimento modificado por etapas em que o formaldeído foi substituído por brometo de metileno para a reação de fecho do anel. As actividades antimicrobianas *in vitro* dos compostos sintetizados foram avaliadas contra três estirpes de bactérias gram-positivas e três estirpes de bactérias gram-negativas, em comparação com o medicamento padrão estreptomicina, revelando uma atividade muito boa a excelente para os compostos.

Tang *et al.,*[31] , apresentaram uma série de novas 2,3-dissubstituídas-3,4-dihidro-2H-1,3-benzoxazinas. Estes foram preparados em rendimentos moderados a excelentes por aza acetalizações de aldeídos aromáticos com 2-(N-substituído aminometil) fenóis na presença de TMSCl. As actividades fungicidas dos compostos-alvo foram avaliadas preliminarmente e os compostos exibiram uma boa atividade contra *Rhizoctonia solani*.

Zanatta *et al.,*[32] relataram a reação de beta - alcóxi - CF_3 -enonas com carbamato de etilo conduz à formação de enamido-cetonas. A redução e ciclização subsequentes conduzem à formação de oxazinas. Estas exibiram uma atividade significativa contra as estirpes de microrganismos testadas **Fig.1.14**

Beena *et al.,*[33] sintetizaram uma série de [6-(p-substituído aminofenil)-4-(p-substituído fenil)-6H- 1, 3-oxazin-il]-acetamidas através da condensação de Claisen-Schmidt. Entre estes derivados de acetamida 1, 3-oxazinil substituídos com cloro, verificou-se que a **Fig. 1.15** tem uma forte atividade antibacteriana e antifúngica.

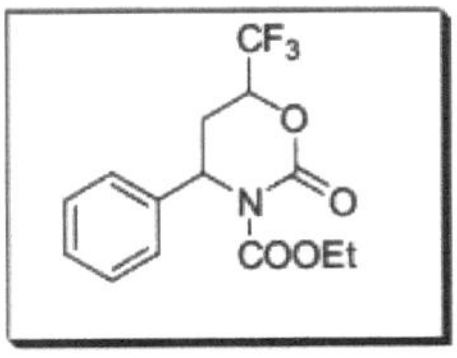

Fig.1.14

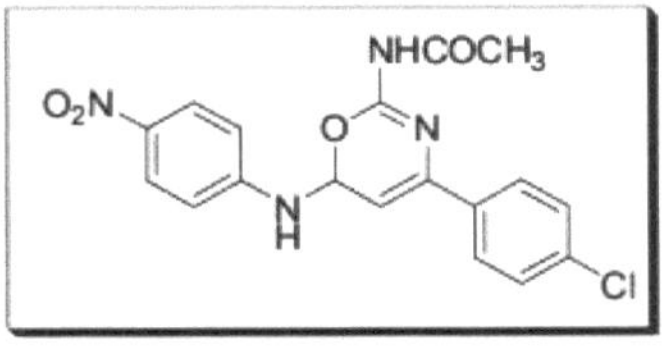

Fig.1.15

Atividade anticoagulante declarada

Sawant *et al.*,[34] sintetizaram uma série de bases de Schiff de 1,3-oxazinas através da reação de 1,3- oxazina-2-amina com benzaldeído substituído. Entre elas, a 4-(4-bromofenil)-6-(4-clorofenil)-N[(E)-(4-clorofenil)-metilideno]-*6H-1*,3-oxazina-2- amina **Fig.1.16** apresentou uma atividade anticoagulante significativa.

Atividade analgésica declarada

Turner *et al.*,[35] relataram a síntese dos metabolitos (+)-6-benzil-2-etil-5,6- *dihidro-5-metil-6-fenil-4H-1*,3-oxazina e maleato de propionato de treo-(+)-4-amino-1,2-difenil-3-metil-2-butanol (sal) preparado por via degradativa a partir de **(+)-propoxifeno**. Foram também preparadas as formas racémicas. O metabolito di-N-desmetilado do composto da **Fig. 1.17** teve uma atividade analgésica fraca no teste de contração do rato.

Antagonista relatado

Os derivados da 3-Oxazina são também conhecidos por funcionarem como agonistas dos receptores da progesterona. Zhang *et al.*,[36] referiu que as novas 6-aril benzoxazinas sintetizadas eram potentes agonistas da RP, em contraste com os antagonistas da RP 6-aril dihidroquinolina estruturalmente relacionados. Os compostos com um núcleo 2,4,4-trimetil-1,*4-dihidro-2H-benzo*[d][1,3]oxazina **Fig. 1.18** foram os agonistas da RP mais potentes da série, com actividades sub-nanomolares no ensaio de decidualização *in vivo*.

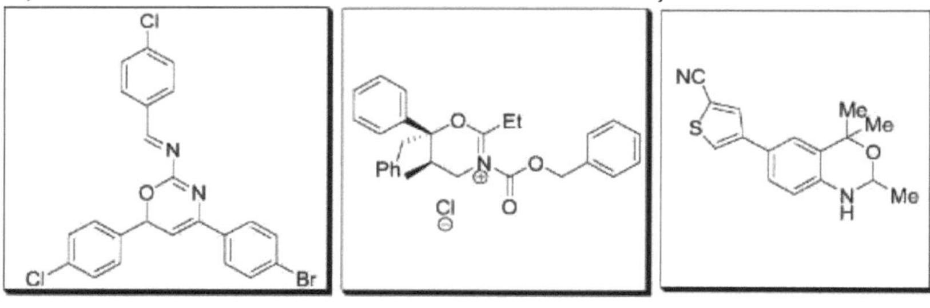

Fig. 1.16   Fig. 1.17   Fig. 1.18

Atividade antitumoral declarada

Das *et al.*,[37] sintetizaram uma pequena biblioteca de derivados de *2H-benzo*[*b*][1,4] oxazina e a sua atividade biológica foi testada em células HepG2 em condições de normoxia e hipoxia. A partir de um rastreio preliminar, descobrimos que os compostos da **Fig. 1.19** inibem especificamente o crescimento de células cancerígenas hipóxicas, poupando as células "normóxicas", respetivamente.

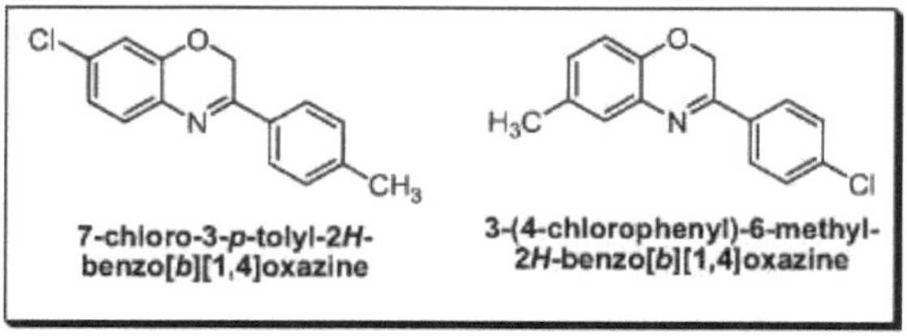

Fig. 1.19

Atividade psicoestimulante e antidepressiva

Zhao *et al.*,[38] O inibidor humano do recetor 5-HT6 contém a porção oxazina que pode ser desenvolvida para utilização como antidepressivo. Verifica-se que as naftoxazinas possuem atividade psicoestimulante e antidepressiva e são utilizadas no tratamento da doença de Parkinson. **Atividade mutagénica e antimutagénica registada**

Ozturkcan *et al.*,[39] sintetizaram 1,3-Di(2-naftil)-2,*3-dihidro-1H-nafto*[1,2-e][1,3] oxazina **Fig. 1.20** e analisaram as propriedades mutagénicas e antimutagénicas. Nos ensaios de antimutagenicidade, é relatado que o composto tem atividade antimutagénica na estirpe TA1535 de *S. typhimurium* em três concentrações.

Atividade anti-HIV comunicada

O efavirenz, uma trifluorometil-1,3-oxazina-2-ona, é um inibidor não nucleósido da transcriptase reversa que apresenta uma atividade significativa contra as estirpes mutantes do VIH-1. A (s)-6-cloro-4-ciclopropiletinil-1,4-di-hidro-4-trifluoro-metil- *2H*-[3,1]-benzoxazina-2-ona **Fig. 1.21** é uma das moléculas mais singulares, também conhecida por Sustiva (Efavirenz), que contém o núcleo 1,3- oxazina. Trata-se de um inibidor não-nucleosídeo da transcriptase reversa (NNRTI) que foi aprovado pela FDA em 1998 e é atualmente utilizado na clínica para o tratamento da SIDA[40] .

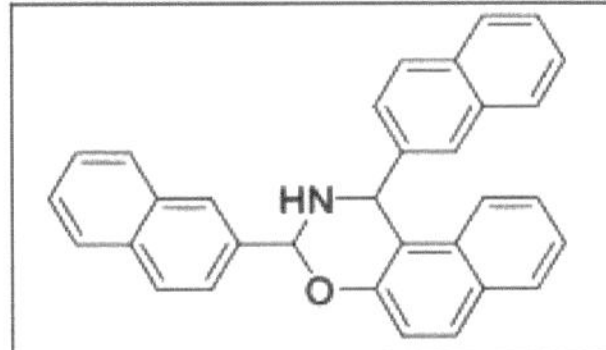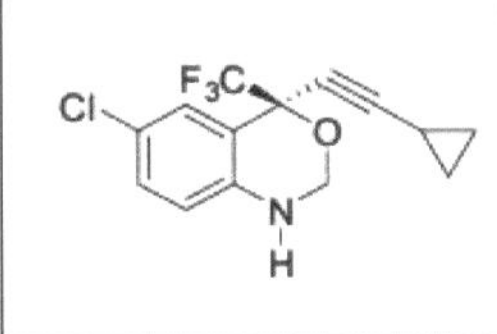

Fig. 1.20 Fig. 1.21

1.3 Métodos de síntese descritos

As oxazinas fundidas com o benzeno e o naftaleno podem ser sintetizadas por reação de Mannich multicomponente utilizando fenol, amina primária e excesso de formaldeído. Seguem-se alguns métodos relatados para a síntese de benzoxazinas e naftoxazinas. Sato, Masayuki *et al.*,[41] Ran, Qi-Chao *et al.*,[42] Joglekar S. J. e *et al.*,[43] e By Liu, Xin e *et al.*,[44] sintetizaram os derivados de oxazina utilizando amina aromática primária e fenol com excesso de formaldeído **Fig. 1.22**.

Fig. 1.22

Mathew, Bijoy P. *et al.*,[45] sintetizaram-no utilizando um meio aquoso e à temperatura ambiente e utilizando a síntese por micro-ondas, respetivamente, como uma abordagem ecológica **Fig. 1.23**

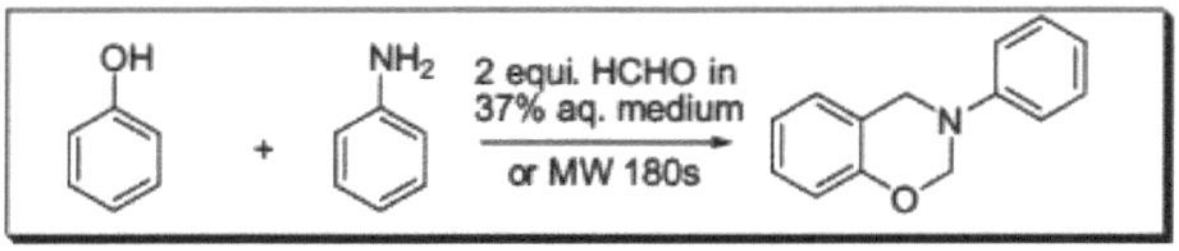

Fig. 1.23

Sadaphal S. A. *et al.,*[46] relataram a síntese de derivados de oxazina utilizando a-
O naftol como composto fenólico e o alúmen como catalisador, Kategaonkar A. H. *et al.,*
utilizaram o cloreto de zirconilo[47] e o líquido iónico[48] como catalisador e Shinde P. V. *et al.,*[49]
relataram esta síntese utilizando PEG 98 (polietilenoglicol) como solvente **Fig. 1.24**.

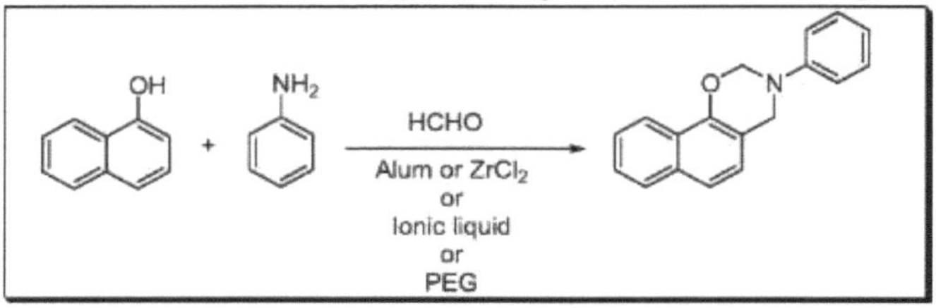

Fig. 1.24

Mathew, Bijoy P. *et al.,*[7] sintetizaram derivados de naftoxazina utilizando p- naftol como
composto fenólico através de síntese verde mediada por água sem utilizar qualquer catalisador
Fig. 1.25.

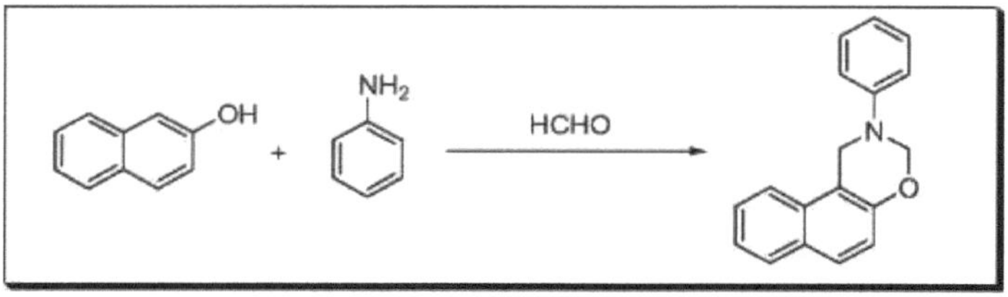

Fig. 1.25

1.4 Âmbito e objectivos

A caraterística do núcleo 1, 3-oxazina encontra-se proeminentemente em muitos produtos
naturais biologicamente importantes, bem como em moléculas bioactivas. A pesquisa
bibliográfica revela que os derivados da naftoxazina têm recebido uma atenção considerável
devido às interessantes propriedades farmacológicas associadas a este andaime heterocíclico.
Verificou-se que possuem propriedades biológicas variadas, tais como atividade
antimicrobiana, anti-oxidante, anti-inflamatória, anti-tuberculosa, anti-diabética, anti-
plaquetária, anti-malária, anti-tumoral e anti-cancerígena. Além disso, é ativo contra uma
variedade de estirpes mutantes do VIH-1 e os derivados da naftoxazina exibiram potencial
terapêutico para o tratamento da doença de Parkinson.
Por conseguinte, existe margem suficiente para explorar novos compostos que incorporem
estruturas heterocíclicas substituídas, como a pirimidina e o tiazol, juntamente com o núcleo
de 1,3-oxazina, o que levaria ao desenvolvimento de novos derivados com uma atividade
biológica interessante.

O ponto de interesse neste estudo visa conceber e sintetizar derivados que incluam ambos os farmacóforos bioactivos, foi feita uma tentativa de conceber e explorar a estrutura óptima necessária para a potencial atividade farmacológica e menor capacidade de resistência aos medicamentos.

O objetivo do presente trabalho de investigação foi utilizar as modificações estruturais mencionadas acima, para ter um efeito cumulativo nas propriedades farmacológicas da molécula resultante. Assim, o nosso esforço de investigação sintética foi direcionado para a conceção de aminas heterocíclicas com características que aumentassem o potencial biológico do derivado de naftoxazina resultante.

O segundo objetivo deste trabalho foi investigar o efeito da incorporação de estruturas heterocíclicas nas diferentes actividades biológicas.

Com base nestes objectivos, foram escolhidos os seguintes problemas específicos para o trabalho apresentado.

1.	Síntese de aminas heterocíclicas, como as pirimidinilaminas e as tiazolilaminas.

2.	Síntese de derivados de *2,3-dihidro-1H-nafto*[1,2-e][1,3] oxazina através da reação de Mannich aromática multicomponente.[83] utilizando aminas heterocíclicas como fonte de azoto.

3.	Caracterização e atribuição da estrutura dos compostos sintetizados com base em IR,[1] H NMR,[13] C NMR e espetroscopia de massa.

4.	Avaliação biológica dos compostos sintetizados e estudo do efeito da incorporação de estruturas heterocíclicas com base na relação estrutura-propriedade.

Referências

1. Hepworth, J.D.; Boulton, A.J.; McKillop A. *Comprehensive Heterocyclic Chemistry 3, Pergamon Press, Oxford*, **1984**, pp. 835-840.
2. Delgado, J.N.; Remers, W.A. *Wilson and Giswold's- Textbook of Organic Chemistry Medicinal and Pharmaceutical Chemistry, 10th ed., Philadelphia Lippincott Raven, 1998. Philadelphia Lippincott Raven*, **1998**.
3. Widman, J. *Prakt. Chem.,* **1888**, 38, 197.
4. (a) Bernthesen, A. *Ann.* **1878**, 192, 1. b) Bernthesen, A. *Ann.* **1884**, 224, 1.
5. Holly, F. W.; Cope, A. C.; *J. Am. Chem. Soc., 1944, 66*, 1875- 1879.
6. Yildirim, A.; Kiskan, B.; Demirel, A. L.; Yagci, Y. *European Polymer Journal, 2006*, 42, 3006-3014
7. Mathew, B. P. *Jornal Europeu de Química Medicinal. 2010,* 45, 4, 1502-1507.
8. Verma, V.; Singh, K.; Kumar, D.; Klapotke, T. M.; Stierstorfer, J.; Narasimhan, B.; Qazi, A. K.; Hamid, A.; Jaglan, S. *Eur. J. of Med. Chem.,* **2012**, 56, 195-202.
9. Shih, M. H.; Ying, K. F. *Bioorg. Med. Chem.,* **2004**, *12*, 4633-4643.
10. Giri, R.S.; Thaker, H.M.; Giordano, T.; Williams, J.; Rogers, D.; Sudersanam, V.; Vasu, K.K. *Eur. J. Med. Chem.*, **2009**, *44*, 2184-2189.
11. Stover, C. K.; Warrener, P.; Van Devanter, D. R.; Sherman, D. R.; Arain, T. M.; Langhorne, M. H.; Anderson, S. W.; Towell, J. A.; Yuan, Y.; McMurray, D. N., Kreiswirth, B. N.; Barry, C. E.; Baker, W. R.; *Nature*, **2000**, 405, 962-966
12. Karuvalam, R. P.; Haridas, K. R.; Nayak, S. K.; Guru Row, T. N.; Rajeesh, P.; Rishikesan, R.; Suchetha Kumari, N. *Eur. J. Med. Chem.*, **2012**, *49*, 172-182.
13. Iino, T.; Tsukahara, D.; Kamata, K.; Sasaki, K.; Ohyama, S.; Hosaka, H.; Hasegawa, T.; Chiba, M.; Nagata, Y.; Eiki. J.; Nishimura, T. *Bioorg. Med. Chem.,* **2009**, *17*, 27332743.
14. Saleh, I.; Jasim, A. R.; Christopher, B.; Murray, A.; Robertson, N. *Bio-organic & medicinal Chemistry,* **2011**, 19, 3983-3994.
15. Duffin, M.; Rollo, I. M. *Brit. J. Pharmacol*, **1957**, 12, *171* -175.
16. Chylinska, J. B.; Urbanski, T. *J. Med. Chem.,* **1963**, 6, 484-487
17. Bolognese, A.; Correale, G.; Manfra, M.; Lavecchia, A.; Mazzoni, O.; Novellino, E.; Barone, V.; Pani, A.; Tramontano, E.; La Colla, P.; Murgioni, C.; Serra, I.; Setzu, G.; Loddo; R. *J. Med. Chem.* **2002**, 21; 45, 5205-5216.
18. Morrison, R.; Belz, T.; Saleh, K. I.; Jasim, M. A.; Rawi, A.; Michael J. A. *Med. Chem. Res.,* **2014**, 23, 4680-4691.
19. Yang, X. H.; Xiang, L.; Li, X.; Zhao, T. T.; Zhang, H.; Zhou, W. P.; Wang, X. M.; Gong, H. B.; Zhu, H. L. *Bioorg. Med. Chem.,* **2012**, 1; 20, 2789-2795.
20. Bethune, M. P. *Antiviral Res.* **2010**, 85, 75-90.
21. Li, D.; Zhan, P.; Clercq, E. D.; Liu, X. *J. Med. Chem.* **2012**, 55, 3595-3613.
22. Kerdesky, F.A. J. *Tetrahedron Lett.* **2005**, *46*, 1711-1712.
23. Shukla, D. K.; Rani, M.; Khan, A. A.; Tiwari, K.; Gupta R. K. *Asian Journal of Chemistry, 2013, 25, 5921-5924.*
24. Sayaji, S.; et al *Journal of Chemical and Pharmaceutical Research,* **2013**, 5, 271-274.
25. Dhanya, S.; Upadhya, S.; Rama, M. *Res.J. Pharma. Sci.,* **2013**, 2, 15-19.
26. Diwagh, S. S.; Piste, B. P. *Internet J chem. Tech Research,* **2013**, 5, 2199-2203.
27. Sawant, R. L.; Mahesh, S. M.; Jyoti, B. W.; Wadekar, B. *Internet J. pharm. Tec. Research,* **2012**, 4, 1653-1659.
28. Mayekar, A. N. *Int. J. Chem.,* **2011**, 3, 74-86.

29. Bhat, A. R.; Pawar, P. D. *Indian drugs,* **2008**, 45, 962-965.

30. Gabbas, U. G.; Ahmad, M. B.; Zainuddin, N.; Ibrahim, N. A. *Rasayan J. Chem.,* **2016**, 9, 1-7.

31. Tang, Z. Z. Z.; Xia, Z.; Liu, H.; Chen, J.; Xiao, W.; Ou, X. *Molecules* **2012**, 17, 8174.

32. Zanatta, N.; Borchhardt, D. M.; Alves, S. H.; Squizani, M. C.; Marchi, T. M.; Bonacorso, H. G.; Martins, M. P. *Bio. org. Med. Chem.* **2006**, 14, 3174-3176.

33. Beena, K. P.; Akelesh, T. *Scholars Research Library,* **2013**, 5 257-260.

34. Sawant, R. L.; Mahesh, S. M.; Jyoti, B. W. *Internet J. Pharm. Sci.,* **2012**, 4, 320-323.

35. Turner, W. W.; Booher, R. N.; Smits, S. E.; Pohland, A. *J. Med. Chem.* **1977**,20, 10651068.

36. Zhang, P.; Terefenko, E. A.; Fensome, A; Zhang, Z.; Zhu, Y.; Winneker, R.; Wrobel, J.; Yardley, J. *Bioorg. Med. Chem. Lett.* **2002**, 12, *787-790*.

37. Das, B. C.; Ankanahlli V. M.; Anguiano, J.; Mani, S. *Bioorg. Med. Chem. Lett.,* **2009**, 19, 4204-4206.

38. Zhao, S.; Berger, j.; Clark, R. D.; Sethofer, S. G.; Krauss. N. E.; Brothers, J. M.; Martin R. S.; Misner, D. L.; Schwab, D.; Alexandrova, L. *Bioorg. Med. Chem. Lett.,* **2007**, 17, 3504-3507.

39. Ozturkcan, S. A.; Turhan, K.; Turgut, Z. *J.Chem.Soc.Pak.,* **2011**, 33, 939-944.

40. Vrouenraets, S. M. E.; Wit, F. W. N. M.; Van Tongeren, J.; Lange, J. M. A. *Expert Opin. Pharmacother,* **2007**, *8,* 851-871.

41. Sato Masayuki. *Boletim Químico e Farmacêutico.* **1983**, 31,6, 1902-1909.

42. Ran, Qi-Chao. *Degradação e Estabilidade de Polímeros.* **2011**, 96, 9, 1610-1615.

43. Joglekar, S. J.; Samant, S. D. *Journal of the Indian Chemical Society.* **1988**, 65, 2, 110-111.

44. Liu, X.; Gu, Y. *Ciência na China, Série B: Química,* **2001**, 44, 5, 552-560.

45. Mathew B.P.; Nath, M. *Journal of Heterocyclic Chemistry.* **2009**, 46, 5, 1003-1006.

46. Sadaphal, S. A.*Green Chemistry Letters and Reviews.* **2010**, 3, 3, 213-216.

47. Kategaonkar, A. H. *Boletim da Sociedade Coreana de Química.* **2010**, 31,6, 1657-1660.

48. Kategaonkar, A. H. *Organic Communications,* **2010**, 3, 1, 1-7.

49. Shinde, P. V. *Cartas Químicas Chinesas.* **2011**, 22, 8, 915-918.

Capítulo 2

Síntese e caraterização de 2-pirimidinil-2,3-dihydro-1H-naphtho[1,2-e] [1,3]oxazines

2.1 Introdução

A pirimidina é um composto orgânico heterocíclico aromático azotado que contém 4 átomos de carbono e 2 átomos de azoto nas posições 1 e 3 do anel de seis membros **Fig. 2.1**. É uma das formas isoméricas de três formas de diazina. É uma substância estrutural promissora para a conceção de medicamentos. A pirimidina tem muitas propriedades em comum com a piridina: à medida que o número de átomos de azoto no anel aumenta, os electrões pi do anel tornam-se menos energéticos e a substituição aromática electrofílica torna-se mais difícil, enquanto a substituição aromática nucleofílica se torna mais fácil.

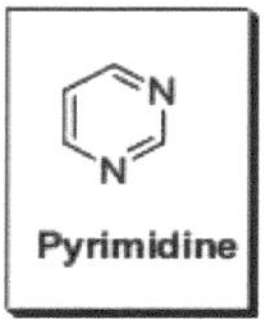

Fig. 2.1

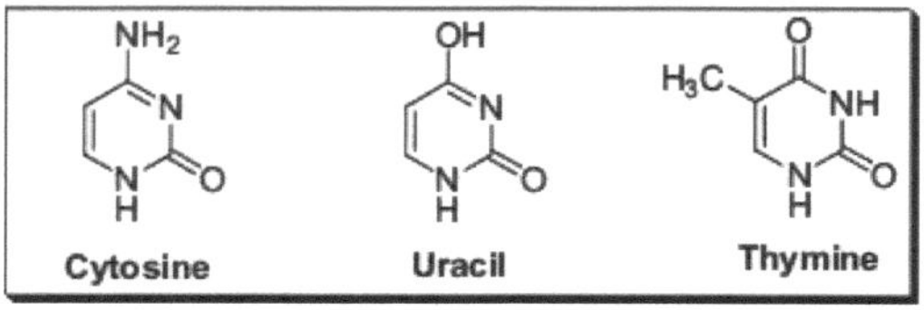

Fig. 2.2

O sistema de anéis pirimidínicos tem uma ampla ocorrência na natureza[1] como compostos e derivados substituídos e fundidos em anéis, incluindo os nucleótidos, a tiamina (vitamina B1) e o aloxano.

Foram isoladas várias pirimidinas a partir da hidrólise de ácidos nucleicos, principalmente uracilo, timina e citosina **Fig. 2.2**. Os ácidos nucleicos são constituintes essenciais de todas as células e, por conseguinte, de toda a matéria viva. A citosina está presente em ambos os tipos de ácidos nucleicos, ou seja, no ácido ribonucleico (ARN) e no ácido desoxirribonucleico (ADN), enquanto o uracilo está presente apenas no ARN e a timina apenas no ADN.

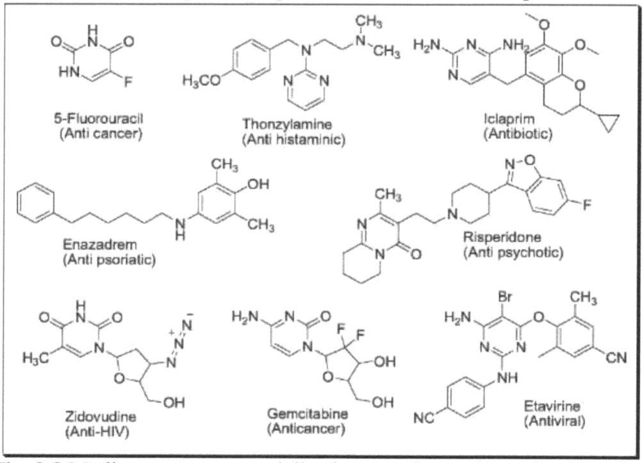

Fig. 2.3 Medicamentos comercializados com farmacóforo de pirimidina

2.2 Revisão da literatura

A pirimidina possui um largo espetro de actividades biológicas **Fig. 2.4** como antimicrobiana,[2] [345678]
anti-inflamatórios, anti-VIH, antituberculosos, anti-tumorais, anti-neoplásicos, anti-maláricos, diuréticos,[9] cardiovasculares, etc. Os compostos de pirimidina são também utilizados como fármacos hipnóticos para o sistema nervoso.[10]

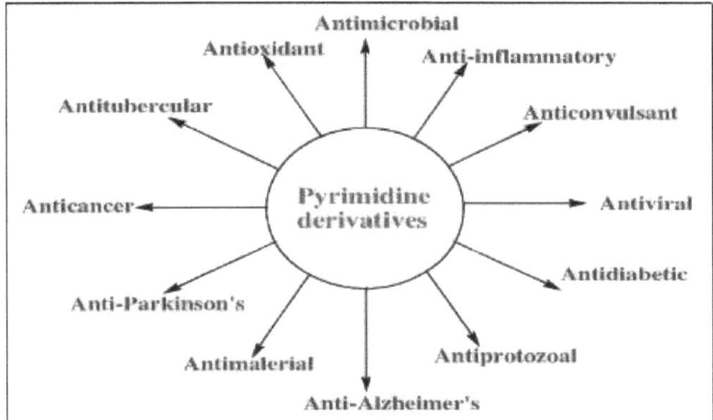

Fig. 2.4 Different biological activities of pyrimidine

Atividade antimicrobiana registada

Desai *et al.*,[11] sintetizaram uma série de análogos de 4-(4-(arilamino)-6-(piperidin-1-il)-1,3,5-triazina-2-ilamino)-*N*-(pirimidin-2-il)benzeno sulfonamida e avaliaram-nos contra bactérias Gram-positivas e Gram-negativas quanto à sua atividade antimicrobiana *in vitro*. Os compostos da **Fig. 2.5** exibiram uma atividade antimicrobiana significativa em várias estirpes de micróbios.

Kanawade *et al.*,[12] conceberam algumas reacções térmicas selectivas para sintetizar uma classe de derivados de 4- aminotieno [2,3-*d*]pirimidina-6-carbonitrilo com um bom rendimento. Todos os compostos sintetizados foram testados quanto à sua atividade antimicrobiana contra várias bactérias, tais como Staphylococcus aureus, Escherichia coli, Pseudomonas aeruginosa, Streptococcus pyogenes e fungos Aspergillus niger, Aspergillus clavatus, Candida albicans. Observou-se que os compostos **Fig. 2.6** e **Fig. 2.7** apresentaram uma boa atividade antibacteriana em comparação com a ampicilina e a griseofulvina padrão.

R = 4-NO2, 4-Cl, 4-COOC2H5

Fig. 2.5   Fig. 2.6

Fig. 2.7

Atividade anti-oxidante declarada

Attri *et al.,*[13] desenvolveram um método catalítico eficiente para sintetizar 3,4-dihidro pirimidinonas com elevado rendimento através da condensação de Biginelli de três componentes num único frasco, na presença de acetato de trietilamónio (TEAA) como catalisador/meio de reação. Todos os produtos sintetizados

Os compostos foram testados quanto à sua propriedade antioxidante utilizando os ensaios de eliminação do radical livre 1,1-difenil-2-picrilhidrazil (DPPH) e da capacidade antioxidante de redução cúprica (CUPRAC). Neste ensaio, o composto **Fig. 2.8** apresentou a propriedade antioxidante mais elevada.

Fig. 2.8   Fig. 2.9

Himaja *et al.*,[14] relataram a síntese e o estudo da atividade antioxidante de diferentes derivados de pirimidina. Entre os compostos sintetizados, a 4, 6-difenil pirimidina-2-amina **Fig. 2.9** apresenta uma atividade antioxidante máxima. Esta atividade foi medida utilizando o método de eliminação do radical livre DPPH.

Atividade anti-inflamatória comprovada

Keche *et al.*,[15] sintetizaram uma classe de derivados de pirimidina através do acoplamento cruzado Suzuki sequencial, aminação ácida e redução. Todos os compostos sintetizados foram testados quanto à sua atividade de citocinas pró-inflamatórias como o TNF-a e a IL-6. Entre todos os compostos avaliados, os compostos da **Fig. 2.10 revelaram-se** potentes agentes anti-inflamatórios em comparação com a dexametasona padrão.

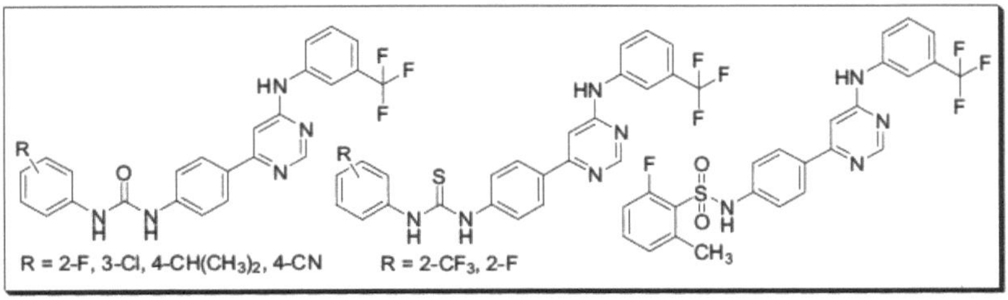

Fig. 2.10

Atividade anti-cancerígena registada

Ma *et al.*,[16] conceberam e sintetizaram derivados de 1,2,3-triazol-pirimidina-ureia e avaliaram a sua atividade anticancerígena contra o cancro. Quase todos os compostos sintetizados apresentaram uma atividade moderada a potente contra todas as linhas celulares cancerígenas. O estudo de citometria de fluxo revelou que os compostos também induziram a apoptose celular.

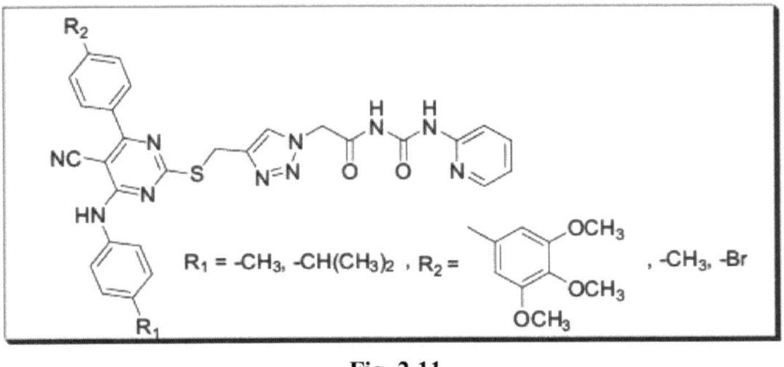

Fig. 2.11

Qin *et al.*,[17] sintetizaram alguns dos derivados de 2,4-diaminopirimidina e testaram-nos quanto às suas actividades biológicas, incluindo anti-proliferação, inibição das cinases Aurora e efeitos do ciclo celular. Todos os compostos sintetizados exibiram uma citotoxicidade mais potente contra linhas de células tumorais. A análise de acoplamento molecular do composto também revelou que o composto **Fig. 2.12** mostrou uma melhor interação com Aurora-A, tanto do ponto de vista da estrutura como da energia, e induziu a paragem do ciclo celular G2/M em linhas de células cancerosas HeLa. Assim, estes compostos sintéticos têm potencial para serem desenvolvidos como inibidores selectivos da Aurora A para fins anticancerígenos atividade.

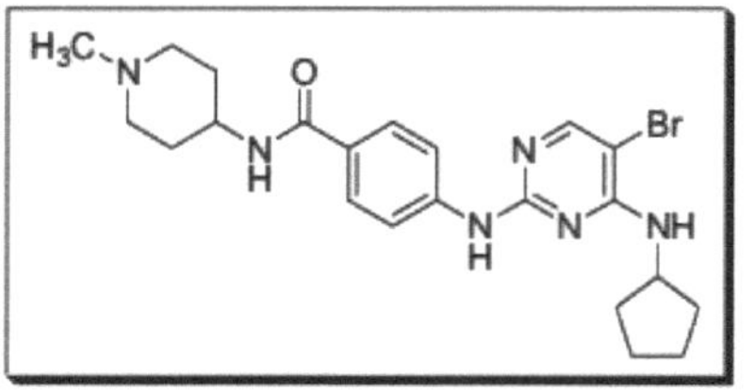

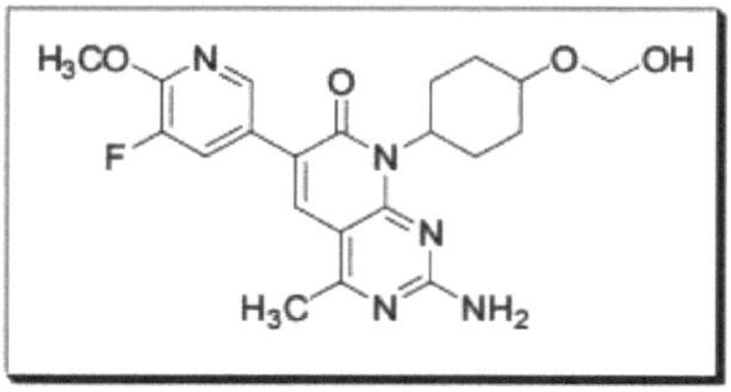

Fig. 2.12Fig . 2.13

Abbas *et al.*,[18] conceberam e sintetizaram duas séries de novas tetrahidrobenzo [4,5] tieno [2,3-*d*]pirimidinas, nomeadamente derivados 2,3-dissubstituídos e 2,4-dissubstituídos, para avaliar o seu potencial antitumoral. O composto **Fig. 2.13** mostrou uma excelente atividade antitumoral contra a mama MCF-7 em comparação com a Doxorrubicina padrão. O composto **Fig. 2.14** foi o mais ativo contra a linha de células cancerígenas hepáticas HEPG-2 em relação à doxorrubicina.

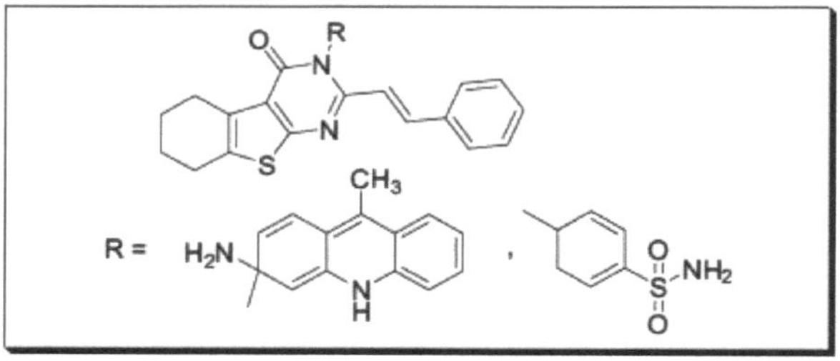

Fig. 2.14

Atividade anti-angiogénica comunicada

Perspicace *et al.*,[19] conceberam e sintetizaram tieno pirimidinas para a sua atividade inibidora do VEGFR-2. Entre os compostos sintetizados, o composto da **Fig. 1.32** foi considerado um composto líder, uma vez que inibe o VEGFR-2 e o HUVEC a uma concentração muito baixa. Em estudos *in vitro*, provou-se que o sal de ácido tartárico do composto da **Fig. 2.15** bloqueia a angiogénese ao inibir a formação de tubos de células endoteliais induzida pelo VEGF, em comparação com o medicamento padrão Sunitinib.

Atividade anti-tuberculosa declarada

Chikhale *et al.*,[20] conceberam derivados sintetizados de benzotiazolil pirimidina-5-carboxamidas através de uma reação de três componentes numa panela envolvendo benzotiazolil oxo butanamida, tioureia e benzaldeídos aromáticos substituídos. Todos estes derivados foram avaliados quanto à sua atividade antituberculosa. Os compostos da **Fig. 2.16** foram considerados activos contra a Mycobacterium tuberculosis. Além disso, os estudos de seletividade e farmacocinética indicaram que os compostos eram altamente selectivos e que a biodisponibilidade era superior a 52% por dose oral.

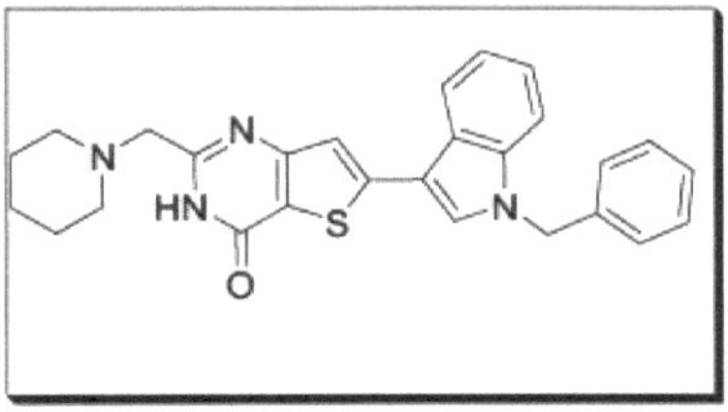

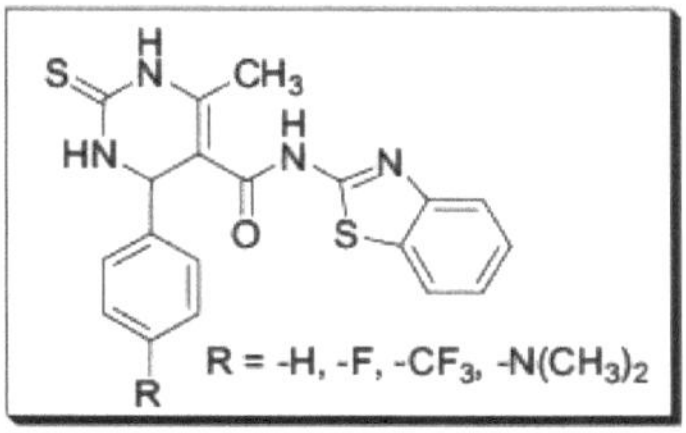

Fig. 2.15

Fig. 2.16

Atividade antivírica registada

Tremblay *et al.*,[21] demonstraram a síntese de benzofurano[3,*2-d*]pirimidina-2-ona e testaram os compostos sintetizados quanto à atividade dos inibidores da transcriptase reversa do VIH-1 que competem com os nucleótidos (NcRTI). O composto da **Fig. 2.17** apresentou propriedades gerais *in vitro* promissoras como inibidores da RT do VIH-1.

Tichy *et al.*,[22] conceberam, sintetizaram e caracterizaram um novo conjunto de derivados ribonucleósidos de pirimido[4,5- *b*]indole e testaram a sua atividade biológica contra o vírus da Dengue. Entre todos os compostos, o composto da **Fig. 2.18** apresentou uma atividade significativa contra o vírus da dengue em células Vero DENV-2.

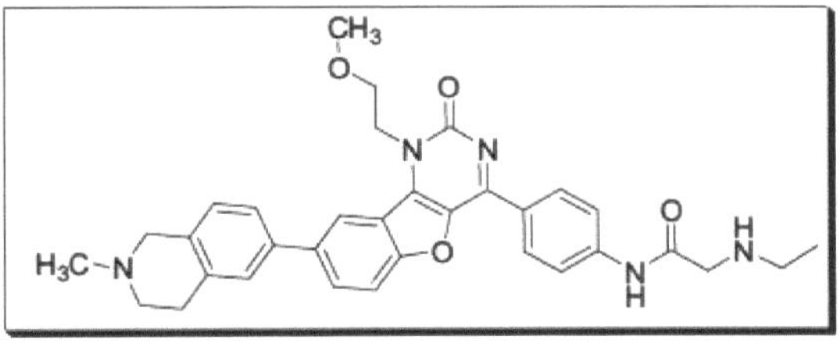

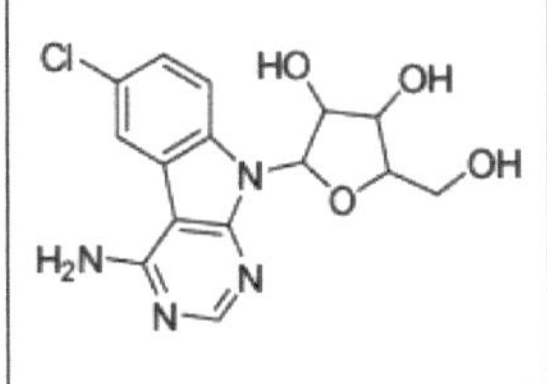

Fig. 2.17

Fig. 2.18

Atividade antidiabética declarada

Toobaei *et al.*,[23] conceberam, sintetizaram e avaliaram derivados de acridina funcionalizados com poli-hidroxilo. Entre os compostos sintéticos, os compostos da **Fig. 2.19** com uma porção de cromeno [3',4':5,6] pirido[2,3-*d*]pirimidina demonstram a maior atividade inibidora contra as enzimas a-Gls da levedura e do rato e o composto com a porção de tioxo-pirido[2,3-*d*: 6,5-d'] dipirimidina apresenta um papel importante na a-Gls da levedura inibição. Por conseguinte, estes compostos podem ser utilizados como um importante agente anti-diabético para o controlo da hiperglicemia pós-prandial.

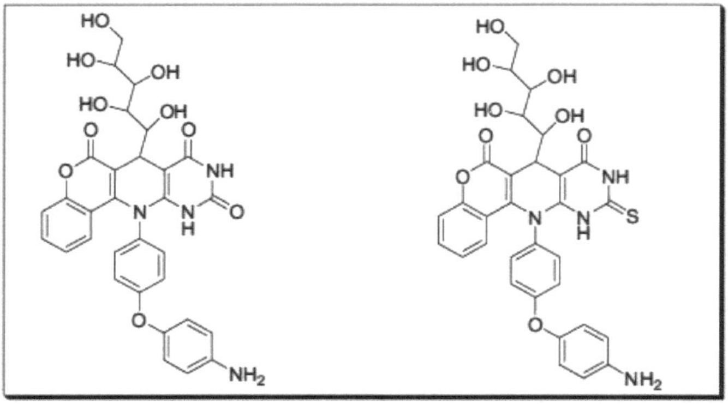

Fig. 2.19

Atividade anti-hepatite comunicada
Shakya *et al.*,[24] relataram a síntese e a atividade anti-HCV da nova classe de nucleósidos de pirimidina que possuem um grupo funcional 40-carboximetil e 40-carboxamida. Entre os compostos totalmente sintetizados, o composto da **Fig. 2.20** foi considerado o análogo mais ativo que interage sinergicamente com a ribavirina para inibir a replicação do ARN do VHC sem qualquer toxicidade.

Atividade anti-malárica comunicada
Mane *et al.*,[25] sintetizaram um grupo de pirido [1,2-*a*]pirimidin-4-onas e examinaram-nas quanto ao seu potencial inibidor da FP-2 *in vitro*. Verificou-se que os compostos da **Fig. 2.21** apresentavam uma excelente inibição da cisteíno-protease falcipaína-2 (FP-2) *do Plasmodium falciparum* e podem servir de compostos principais como potenciais fármacos antimaláricos.

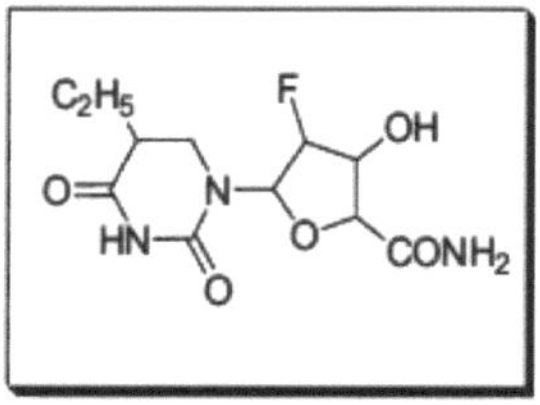

Fig. 2.20 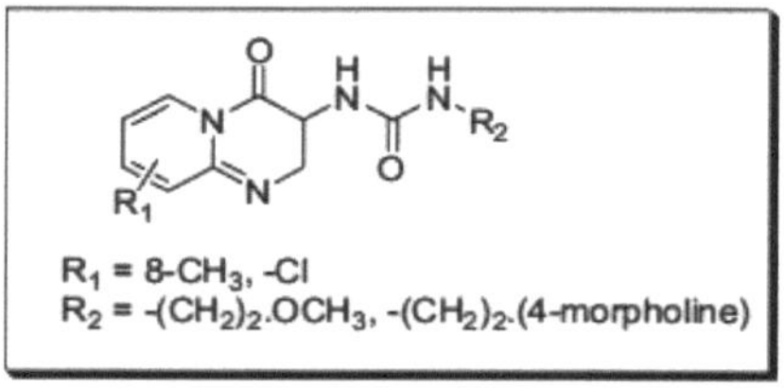   Fig. 2.21

Atividade antiprotozoária registada
A malária, a disenteria, a leishmaniose e a tripanossomíase humana africana são algumas das doenças causadas por protozoários parasitas e constituem as principais causas de morte em todo o mundo.
Suryawanshi *et al.*,[26] conceberam e sintetizaram uma biblioteca de derivados de aril pirimidina substituídos. Todos estes compostos foram analisados *in vitro* e *in vivo* através do ensaio de luciferase do gene repórter quanto à sua propriedade antileishmanial contra amastigotas intracelulares de *Leishmania donovani*. Entre eles, os compostos da **Fig. 2.22** mostraram uma inibição significativa da multiplicação parasitária que poderia ser explorada como um novo agente antileishmanial.

20

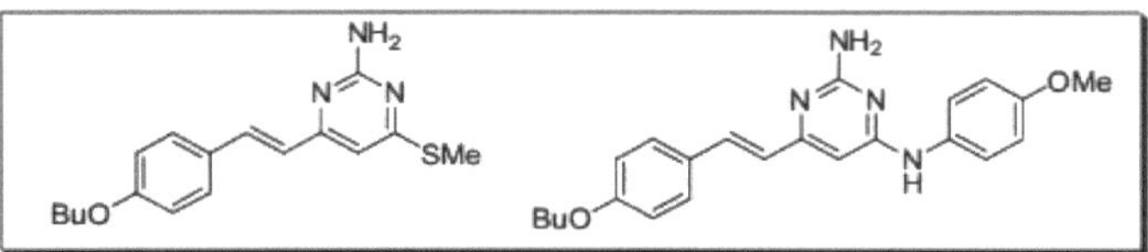

Fig. 2.22

Atividade anti-Alzheimer comunicada

Loidreau *et al.*,[27] sintetizaram duas séries de novas *N-aril-7-metoxibenzo*[*b*]furo[3,2-*d*]pirimidin-4-aminas e os seus análogos *N-aril-7-metoxibenzo*[*b*]tieno[3,2-*d*]pirimidin-4-aminas utilizando micro-ondas através de um rearranjo Dimroth.

Entre todos estes compostos, os derivados de benzotieno[3,2-*d*]pirimidina **Fig. 2.23** mostraram uma inibição interessante a um nível submicromolar e mostraram seletividade para a cinase CLK1 e DYRK1A.

Atividade antiparkinsónica comunicada

Shook *et al.*,[28] sintetizaram uma nova série de tieno [2,3-*d*]pirimidinas substituídas com benzilo que foram identificadas como potentes antagonistas dos receptores A2A. Entre os compostos sintetizados, os compostos da **Fig. 2.24** foram considerados activos pela sua capacidade de reverter a atividade cataléptica em ratos.

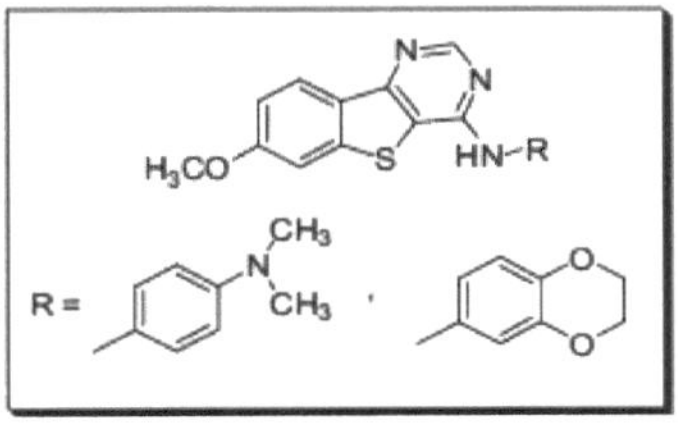

Fig. 2.23

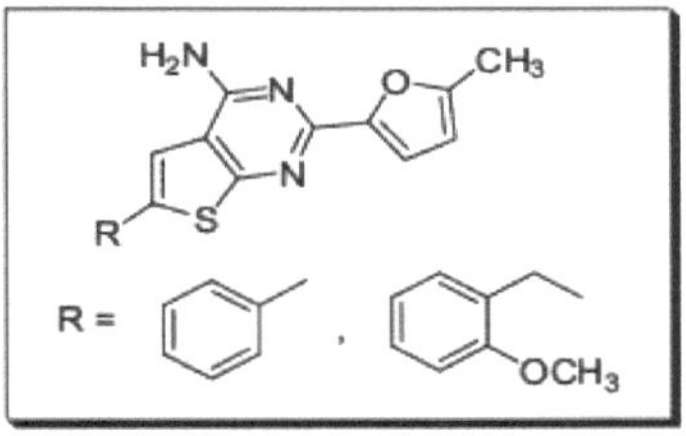

Fig. 2.24

Atividade anticonvulsivante registada

Amr *et al.*,[29] conceberam, sintetizaram novos derivados de pirimidina substituídos e caracterizaram-nos. Entre todos os compostos sintetizados, o composto da **Fig. 2.25** foi considerado o mais potente para a sua atividade anticonvulsiva e mostrou uma atividade ainda melhor do que a Carbamazepina padrão.

Atividade antitiroideia comunicada

Lacotee *et al.*,[30] sintetizaram uma pequena biblioteca de dihidropirimidina-2-onas (DHPMs) utilizando a reação de Biginelli multicomponente e os compostos foram testados quanto ao seu potencial para bloquear o simportador de iodeto de sódio (NIS) através de um ensaio baseado em células. O composto da **Fig.2.26** apresentou os resultados mais prometedores. O estudo oferece uma nova esperança para o desenvolvimento de medicamentos antitiroideus.

Fig. 2.25   Fig. 2.26

Atividade relatada do inibidor da proteína transportadora de ureia humana (ut-b)

Liu *et al.*,[31] conceberam e sintetizaram alguns derivados de triazolotienopirimidina que foram relatados como análogos dos inibidores de UT-B. Todos os compostos sintetizados foram caracterizados pelos requisitos estruturais de potência e estabilidade microssomal para comportar um composto como inibidor da UT-B. Dois compostos na **Fig. 2.27** com potência inibitória nanomolar.

Atividade imunossupressora declarada

Stella *et al.*,[32] sintetizaram uma nova classe de derivados de pirimidina e analisaram a sua atividade imunossupressora utilizando o ensaio de Reação de Linfócitos Mistos. Este ensaio é também designado como o modelo *in vitro* para a rejeição *in vivo* após o transplante de órgãos. A 2-benziltio-5-ciano-6-(4-metoxifenil)-4-morfolinopirimidina da **Fig. 2.28** pode ser utilizada para otimizar medicamentos imunossupressores mais eficazes.

Fig. 2.27   Fig. 2.28

Método descrito de síntese da pirimdina

As oxazinas fundidas com o benzeno e o naftaleno podem ser sintetizadas por reação de Mannich multicomponente utilizando fenol, amina primária e excesso de formaldeído. Seguem-se alguns métodos relatados para a síntese de benzoxazinas e naftoxazinas.

As aminas pirimidinílicas foram as aminas primárias utilizadas para a síntese de uma série de derivados de 2-pirimidinil -2,3-*dihidro-1H-nafto*[1,2-e][1,3] oxazina. A síntese de pirimidina -5-carbaldeídos a partir de a-formilaroilceteno ditioacetais foi descrita por Mathews e Asokan.33 Os a-formilaroilceteno ditioacetais reagiram com amidinas, isto é, guanidina em DMF ou acetonitrilo, para obter os pirimidina-5-carbaldeídos **Fig.2.29**.

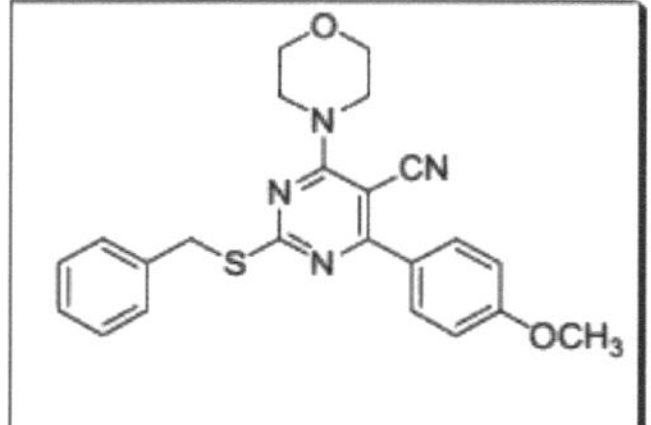

Fig. 2.29

Os heterociclos oxazínicos têm especial interesse porque constituem uma classe importante de produtos naturais e não naturais e apresentam actividades biológicas úteis. Verificou-se que possuem propriedades biológicas variadas, tais como atividade antimicrobiana,[34,35] anti-oxidante,[36] anti-inflamatória,[37] antituberculosa,[38,39] antidiabética,[40] anti-plaquetária,[41] anti-maléfica,[42] anti-tumoral,[43,44] e anticancerígena[45,46] . Além disso, é ativo contra uma variedade de estirpes mutantes do VIH-1[47,48] e os derivados da naftoxazina apresentaram potencial terapêutico para o tratamento da doença de Parkinson[49] .

As estruturas heterocíclicas de oxazina e pirimidina têm recebido uma atenção considerável devido às suas interessantes propriedades farmacológicas. O ponto de interesse neste estudo é conceber e sintetizar compostos que incluam ambos os farmacóforos bioactivos e foi feita uma tentativa de conceber e explorar o requisito de estrutura óptima para a potencial atividade antitumoral e menor capacidade de resistência aos medicamentos.

É cada vez mais importante no campo farmacêutico e biológico, através desta revisão planeamos recolher a síntese de derivados de oxazina incluindo a porção pirimidina para as suas actividades biológicas.

2.3 Trabalho atual e discussão

A pesquisa bibliográfica revela que os derivados da naftoxazina têm recebido uma atenção considerável devido às interessantes propriedades farmacológicas associadas a esta estrutura heterocíclica. Verificou-se que possuem propriedades biológicas variadas, tais como atividade antimicrobiana, antioxidante, anti-inflamatória, anti-tuberculosa, anti-diabética, anti-plaquetária, anti-malária, antitumoral e anti-cancerígena. Além disso, é ativo contra uma variedade de estirpes mutantes do VIH-1 e os derivados da naftoxazina apresentam um potencial terapêutico para o tratamento da doença de Parkinson. Em combinação com este arcabouço heterocíclico, incorporámos o anel pirimidina substituído nas posições 4 e 6 para sintetizar o análogo da Combretastatina A-4 **Fig. 2.30**, um importante agente anti-mitótico.[50,51] Assim, tendo em conta a importância biológica de ambos os farmacóforos, foi feita uma tentativa de conceber e explorar o requisito de estrutura ideal para a potencial atividade antitumoral e menor capacidade de resistência aos fármacos, foi sintetizada uma série de compostos alterando o padrão de substituição da ligação de hidrogénio no anel **A** e no anel **B**, bem como incorporando o suporte heterocíclico de 1,3-oxazina para estudar o efeito nas capacidades antiproliferativas, antitubulina e de ligação ao ADN[52] , o que poderia levar ao desenvolvimento de novos agentes antitumorais.

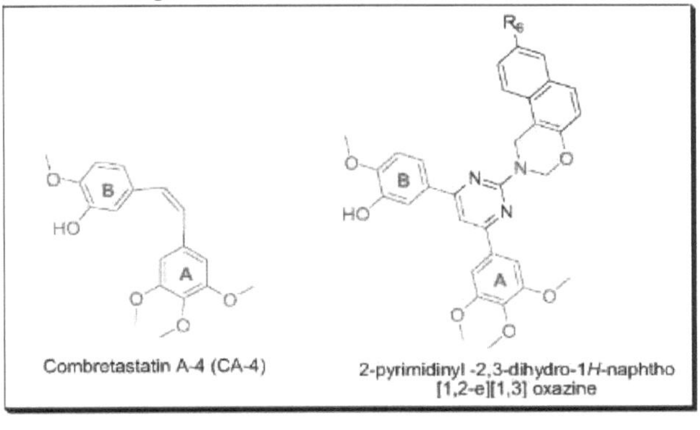

Combretastatin A-4 (CA-4)

2-pyrimidinyl -2,3-dihydro-1H-naphtho [1,2-e][1,3] oxazine

Fig. 2.30

23

Com base nesta previsão, sintetizámos a série de derivados de 2-pirimidinil -2,3-dihidro-1H-nafto[1,2-e][1,3] oxazina através do método conveniente que envolve três passos. A primeira etapa consiste na síntese de chalconas que foram sintetizadas por condensação de Claisen-Schmidt[53] a partir de quantidades equimolares de aldeídos aromáticos e cetonas aromáticas diferentemente substituídos, utilizando NaOH em etanol à temperatura ambiente, num período de 2-3 horas. Na segunda etapa, o intermediário chave, 2-amino pirimidinas, foi sintetizado através da ciclização usando cloridrato de guanidina na presença de NaOH por refluxo em etanol durante 5-6 horas. Na terceira etapa, a conversão do 2-naftol em 2-pirimidinil -2,3-dihidro-1H-nafto[1,2-e][1,3] oxazina fundida angularmente foi efectuada quando a fonte de azoto, 2-amino pirimidina, foi tratada com o composto aromático rico em electrões, 2-naftol, na presença de excesso de formalina sob refluxo, utilizando metanol como solvente. A novidade do trabalho reside na utilização de aminas heterocíclicas como fonte de azoto para a reação de Mannich aromática multicomponente.[54] Embora a reação seja multicomponente, decorreu sem problemas, facilitando o isolamento da série de moléculas-alvo.

Esquema e quadro

Esquema 1: Síntese do 2-pirimidinil -2,3-*di-hidro-1H-nafto*[1,2-e][1,3] oxazina

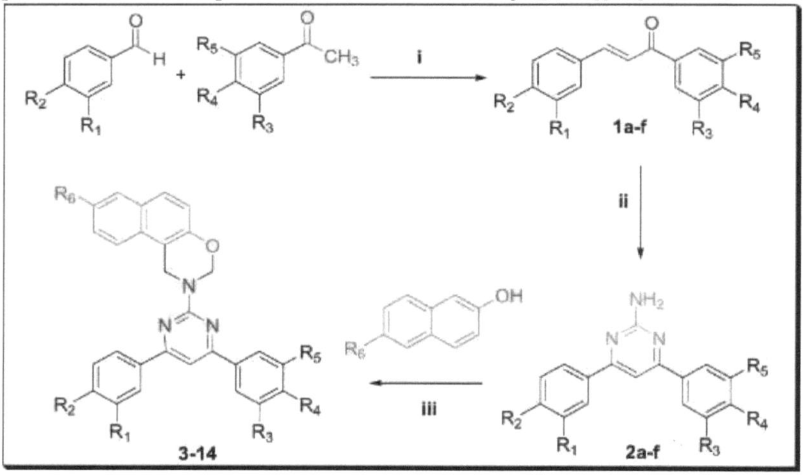

Reagentes e condições: (i) NaOH, etanol, agitação à temperatura ambiente durante 4-8 h; (ii) Cloridrato de guanidina, NaOH, etanol, refluxo durante 5-6 h; (iii) HCHO (excesso), metanol, 80-90°C, 8-12 h

O mecanismo plausível para a síntese da 2-pirimidinil naftoxazina é o apresentado na **Fig. 2.31**

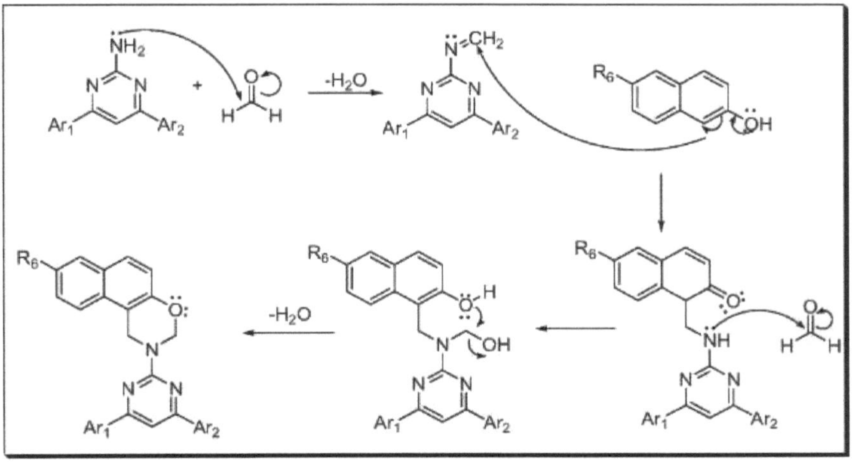

Fig. 2.31

Quadro 1 Diferentes 2-pirimidinil substituídos -2,*3-dihidro-1H-nafto*[1,2-e][1,3]oxazinas com dados físicos

Sr. Não.	Composto	Substituintes						MP C°	Rendimento %
		R1	R2	R3	R4	R5	R6		
1	3	H	OCH3	H	OCH3	H	H	225	67
2	4	H	OCH3	H	OCH3	H	OCH3	210	75
3	5	H	OCH3	OCH3	OCH3	OCH3	H	224	72
4	6	H	OCH3	OCH3	OCH3	OCH3	OCH3	228	69
5	7	H	OCH3	H	CH3	H	H	230	80
6	8	H	OCH3	H	CH3	H	OCH3	185	70
7	9	OH	OCH3	H	OCH3	H	H	220	76
8	10	OH	OCH3	H	OCH3	H	OCH3	182	69
9	11	OH	OCH3	OCH3	OCH3	OCH3	H	200	71
10	12	OH	OCH3	OCH3	OCH3	OCH3	OCH3	210	65
11	13	OH	OCH3	H	OCH3	H	H	232	73
12	14	OH	OCH3	H	OCH3	H	OCH3	175	71

Os compostos sintetizados foram caracterizados e as estruturas foram atribuídas com base no IR,[1] H NMR,[13] C NMR e espetroscopia de massa.

Os derivados sintetizados de 2-pirimidinil -2,*3-dihidro-1H-nafto*[1,2-e][1,3] oxazina foram avaliados biologicamente quanto às capacidades anti-proliferativa, anti-tubulina e de ligação ao ADN.

2.4 Discussão dos espectros (geral)

Os espectros de IV dos compostos foram registados no Nico let iS 10, Thermo Scientific FT-IR Spectrometer, EUA; os espectros de 1H NMR,[13] C NMR foram registados num espetrómetro Bruker AvanceIII400 Hz,FT-NMR, Suíça em C'DC'h utilizando TMS como padrão interno. Os dados do espetro de massa foram registados num espetrómetro de massa Thermo scientific Q-Exactive, a especificação da coluna é Hypersil gold C18 coluna 150x 4,6 mm de diâmetro 8 um tamanho de partícula a fase móvel utilizada é 90% metanol + 10% água + 0,1% ácido fórmico

Espectros de IV

O espetro de infravermelhos dos derivados de 2-pirimidinil -2,*3-di-hidro-1H-nafto*[1,2-e][1,3] oxazina substituídos mostrou que a banda de absorção observada a ~ 2915-2980 cm^{-1} e ~ 28352850 cm^{-1} se deve ao estiramento simétrico e assimétrico de -CH2-, respetivamente, e também a ~ 14501480 cm^{-1} se deve à flexão de -CH2-. A banda de absorção a ~ 1570 cm^{-1} deve-se ao estiramento >C=N-.

O estiramento C-N-C dá origem a uma banda de absorção a ~ 1305 cm^{-1} e a uma banda de absorção caraterística a ~ 1250 cm^{-1} , ~ 1050 cm^{-1} devido à presença de estiramento de éter C-O-C, o que leva à confirmação do anel de oxazina.

[1]Espectros de RMN de H

[1]Os espectros de RMN de H (obtidos a 400 MHz em CDCl3) dos compostos titulados revelam que os dois metilenos -CH2- do anel de oxazina apresentaram um singleto a S ~ 5,40-5,62 ppm e ~ 5,74-6,11 ppm, enquanto um protão aromático do anel de pirimidina apresentou um singleto a S ~ 7,39-7,49 ppm na região aromática. Os protões aromáticos ressoaram a S ~ 7,0-8,2 ppm.

[13]Espectros de RMN de C

[13]A RMN de C com DEPT 90 mostrou dois picos característicos para (-CH2-) a S ~ 42 ppm e ~ 74 ppm. O sinal caraterístico do carbono hibridizado sp^2 do carbono da pirimidina apareceu a S ~102 ppm, enquanto todos os carbonos aromáticos ressoaram a S ~ 100-175 ppm **Espectro de massa**

O espetro de massa dos correspondentes derivados substituídos de 2-pirimidinil -2,3-di-hidro-1H-nafto[1,2-e][1,3] oxazina confirma a sua fórmula molecular e peso molecular.

2.5 Secção experimental

Procedimento geral para a síntese de chalconas diversamente substituídas (1a-f)

A mistura equimolar de aldeídos aromáticos substituídos (10 mmol) e cetonas aromáticas substituídas (10 mmol) foi dissolvida numa quantidade mínima de etanol (50 ml). A esta mistura adicionou-se lentamente hidróxido de sódio (20%, 10 ml) e a mistura reacional foi agitada à temperatura ambiente durante 4-8 h utilizando um agitador magnético. A conclusão da reação foi monitorizada por TLC. Em seguida, a mistura reacional foi vertida lentamente em água gelada, com agitação constante, e o produto foi precipitado. O precipitado obtido foi filtrado, lavado e seco. O produto em bruto foi recristalizado a partir de etanol para obter chalconas puras **1a-f**.

Procedimento geral para a síntese das 2-amino pirimidinas (2a-f)

Uma mistura de chalcona (3 mmol), cloridrato de guanidina (6 mmol) e hidróxido de sódio (12 mmol) foi refluxada a 80-85° C durante 5-6 h. A conclusão da reação foi monitorizada por TLC. Em seguida, a mistura reacional foi arrefecida e vertida lentamente em água gelada, com agitação constante. O precipitado obtido foi filtrado, lavado e seco. O produto em bruto foi recristalizado a partir de etanol, obtendo-se 2-amino-pirimidina **2a-f** pura.

Procedimento geral para a síntese de 2,3-di-hidro-1H-nafto[1,2-e][1,3] oxazinas (3-14) substituídas com 2-pirimidinilo

Uma mistura de 2-naftol (1 mmol), 2-amino pirimidina 4'-substituída (1 mmol) e formalina (37% W/V, 2 mmol) foi refluxada em metanol a 80-90° C durante cerca de 2 h. Adicionou-se uma quantidade adicional de formalina (2 mmol) à mistura reacional e a reação prosseguiu durante 6-10 h. O progresso da reação foi monitorizado por TLC. A mistura reacional foi diluída com água (10 ml) e o produto foi extraído com acetato de etilo (20 ml x 3 vezes). As camadas orgânicas foram combinadas e lavadas com solução de NaOH a 10% (15 ml x 3 vezes), seguida de água (15 ml x 3 vezes). A camada orgânica foi seca sobre sulfato de sódio anidro e evaporada sob pressão reduzida para obter o composto em bruto. Os produtos **3-14** foram purificados por cromatografia em coluna utilizando como eluente acetato de etilo-hexano.

Dados espectrais de *2,3-di-hidro-1H-nafto*[1,2-e][1,3] oxazinas substituídas com 2-pirimidinilo Composto 3

Rendimento: 67 %; **MF**: $C_{30}H_{25}O_3N_3$; **Mol.Wt**: 475,54; **Cor**: Sólido branco; **MP**: 225 °C.
IR (cm^{-1}): 2916.45, 2848.37, 1566.54, 1453.58, 1302.31, 1252.69, 1030.53, 828.72; [1] **H NMR** (400 MHz, CDCl3) δ: 3.92 (6H, s),5.62 (2H, s), 6.11 (2H, s), 7.027-7.064 (4H, m), 7.15 (1H, d, J = 8.8 Hz), 7.43 (1H, d, J = 8 Hz), 7.46 (1H, s), 7.598-7.639 (1H, m), 7.69 (1H, d, J = 8.8 Hz), 7.84 (1H, d, J = 8 Hz), 7.94 (1H, d, J = 8 Hz), 8.136-8.192 (4H, m); [13] **C NMR** (100 MHz, CDCl3) δ: 21.26, 46.57, 76.71, 112.00, 118.77, 121.17, 122.22, 124.11, 126.96, 128.54, 128.61, 128.65, 129.08, 129.22, 131.04, 131.99, 137.55, 147.81, 151.73, 166.23; **HRMS** (ESI): m/z [M-H] calcd. Para $C_{30}H_{24}O_3N_3$:474.1812; encontrado: 474.1806.

Composto 4

Rendimento: 75 %; **MF**: $C_{31}H_{27}O_4N_3$; **Peso molecular**: 505,56; **Cor**: Sólido branco; **MP**: 210 °C;
IR (cm^{-1}): 2917.12, 2848.42, 1569.79, 1460.37, 1304.93, 1252.61, 1031.04, 818.57; [1] **H RMN** (400 MHz, CDCl3) δ: 3.92 (6H, s), 3.96 (3H, s), 5.59 (2H, s), 6.08 (2H, s), 7.04 (4H, d, J = 9.2 Hz), 7.13 (1H, d, J = 8.8 Hz), 7.17 (1H, d, J = 2.6 Hz), 7.31 (1H, d, J = 2.6 Hz), 7.46 (1H, s), 7.60 (1H, d, J = 8.8Hz), 7.86 (1H, d, J = 9.2 Hz), 8.15 (4H, d, J = 8.8 Hz); **MS**: m/z = 504.1902. **Composto 5**

Rendimento: 72 %; **MF**: $C_{32}H_{29}O_5N_3$; **Peso molecular**: 535,59; **Cor**: Sólido branco; **MP**: 224 °C;
IR (cm^{-1}): 2920.46, 2837.16, 1570.13, 1458.74, 1302.66, 1249.74, 1045.13, 821.16; [1] **H RMN** (400 MHz, CDCl3) δ: 3.92 (3H, s), 3.95 (3H, s), 3.99 (6H, s), 5.63 (2H, s), 6.11 (2H, s), 7.06 (2H, d, J = 8.8Hz), 7,15 (1H, d, J = 9,2 Hz), 7,38 (2H, s), 7,42 (1H, s), 7,45 (1H, d, J = 8 Hz), 7,60 (1H, t, J = 8 Hz), 7,70 (1H, d, J = 9,2 Hz), 7,84 (1H, d, J = 8,2 Hz), 7,91 (1H, d, J = 8,2 Hz), 8,16 (2H, d, J = 8,8 Hz); **HRMS** (ESI): m/z [M+H] calcd. Para $C_{32}H_{30}O_5N_3$:536.2180; encontrado: 536.2181.

Composto 6

Rendimento: 69 %; **MF**: $C_{33}H_{31}O_6N_3$; **Peso molecular**: 565,62; **Cor**: Sólido branco; **MP**: 228 °C
IR (cm^{-1}): 2912.61, 2830.45, 1565.32, 1447.42, 1301.85, 1243.67, 1027.56, 825.05;
1H **NMR**(400 MHz, CDCl3) δ: 3.93 (3H, s), 3.94(3H, s), 3.95 (3H, s), 4.00 (6H, s), 5.60 (2H, s), 6.08 (2H, s), 7.06 (2H, d, J = 8.8 Hz), 7.12 (1H, d, J = 9.2 Hz), 7.18 (1H, d, J = 2.6 Hz), 7,26 (1H, d, J = 2,6 Hz),7,39 (2H, s), 7,42 (1H, s), 7,60 (1H, d, J = 8,8 Hz), 7,82 (1H, d, J = 8,8 Hz), 8,16 (2H, d, J = 8,8 Hz); **HRMS** (ESI): m/z [M+H] calcd. Para $C_{33}H_{32}O_6N_3$:566.2286; encontrado: 566.2288.

Composto 7

Rendimento: 80 %; **MF**: $C_{30}H_{25}O_2N_3$; **Mol.Wt**: 459,54; **Cor**: Sólido branco; **MP**: 230 °C
IR (cm^{-1}): 2917.02, 2848.67, 1567.91, 1457.36, 1306.87, 1254.01, 1034.01, 808.37; [1] **H RMN** (400 MHz, CDCl3) δ: 2.46 (3H, s), 3.92 (3H, s), 5.62 (2H, s), 6.11 (2H, s), 7.029-7.058 (2H, m), 7.15 (1H, d, J = 8.8 Hz), 7.34 (2H, d, J = 8 Hz), 7.424-7.464 (1H, m), 7.50 (1H, s), 7.5977.638 (1H, m), 7.69 (1H, d, J = 8.8 Hz), 7,84 (1H, d, J = 8 Hz), 7,94 (1H, d, J = 8 Hz),

8,07 (2H, d, *J* = 8 Hz), 8,16 (2H, d, *J* = 8,8 Hz).

Composto 8

Rendimento: 70 %; **MF**: C31 H27 O3 N3; **Mol.Wt**: 489,56; **Cor**: Sólido branco; **MP**: 185 °C

IR (cm^{-1}): 2980.43, 2834.74, 1571.14, 1475.16, 1307.40, 1252.82, 1035.69, 810.87;[1] **H RMN** (400 MHz, CDCl3) δ: 2.46 (3H, s), 3.92 (3H, s), 3.96 (3H, s), 5.59 (2H, s), 6.09 (2H, s), 7.0297.066 (2H, m), 7.13 (1H, d, 8.8 Hz), 7.17 (1H, d, 2.6 Hz), 7.30 (1H, t, *J* =6.8 Hz), 7.34 (2H, d, 8 Hz), 7.49 (1H, s), 7.60 (1H, d, 8.8 Hz), 7.86 (1H, d, 9.2 Hz), 8.07 (2H, d, 8.4 Hz), 8.16 (2H, d, 6.8 Hz);[13] **C NMR** (100 MHz, CDCl3) δ: 21.47, 42.29, 55.35,55.42, 73.66, 102.62, 107.16, 113.66, 114.03, 118.97,119.33, 122.83, 126.52, 126.85, 127.08, 128.68, 129.42, 130.17, 130.24, 135.06,140.76, 150.75, 156.16, 161.22, 161.67, 164.91, 165.29, 195.09.

Composto 9

Rendimento: 76 %; **MF**: C30 H25 O4 N3; **Mol.Wt**: 491,54; **Cor**: Sólido branco; **MP**: 220 °C

IR (cm^{-1}): 3419.10, 2954.41, 2829.17, 1567.67, 1458.81, 1301.23, 1276.51, 1040.17, 900.57, 820.54; 1H **NMR** (400 MHz, CDCl3) δ: 3.91 (3H, s), 4.00 (3H, s), 5.61 (2H, s), 5.71 (1H, s), 6.09 (2H, s), 6.99 (1H, d, *J* = 8.2 Hz), 7.04 (2H, d, *J* = 8.8 Hz), 7.15 (1H, d, *J* = 8.8 Hz), 7.42 (1H, s), 7.45 (1H, d, *J* = 4.4 Hz), 7.62 (1H, t, *J* = 7.2 Hz), 7.69 (1H, d, *J* = 8.8 Hz), 7.75 (1H, dd, J1= 2 Hz & *J2* = 6.4 Hz), 7.79 (1H, s), 7.83 (1H, d, *J* = 8.2 Hz), 7.95 (1H, d, *J* = 8.2 Hz), 8.15 (2H, d, *J* = 8.8 Hz);[13] **C RMN** (100 MHz, CDCl3) δ: 29.70, 42.31, 55.36, 55.42, 56.06, 73.69, 102.34, 107.26, 110.48, 113.32, 113.67, 114.05, 118.96, 119.34, 119.57, 122.86, 126.57, 126.84, 128.67, 130.20, 130.31, 131.32, 145.72, 148.64, 150.80, 156.20, 161.18, 161.69, 164.73, 164.83.

Composto 10

Rendimento: 69 %; **MF**: C31 H27 O5 N3; **Peso molecular**: 521,56; **Cor**: Sólido branco; **MP**: 182 °C

IR (cm^{-1}): 3442.66, 2928.12, 2842.41, 1568.67, 1459.09, 1283.75, 1046.78, 893.85, 812.57; 1H **NMR** (400 MHz, CDCl3) δ: 3.91 (3H, s), 3.95 (3H, s), 3.99 (3H, s), 5.58 (2H, s), 5.73 (1H, s), 6.07 (2H, s), 6.99 (1H, d, *J* = 8.4 Hz), 7.04 (2H, d, *J* = 8.8 Hz), 7.12 (1H, d, *J* = 8.8 Hz), 7.16 (1H, d, *J* = 2.6 Hz), 7.29 (1H, dd, J1= 2 Hz & *J2* = 6.4 Hz), 7.44 (1H, s), 7.59 (1H, d, *J* = 8.8 Hz), 7.74 (1H, dd, *J* = 5.2 Hz), 7.79 (1H, d, *J* = 2 Hz), 7.86 (2H, d, *J* = 9.2 Hz).

Composto 11

Rendimento: 71 %; **MF**: C32 H29 O6 N3; **Peso molecular**: 551,59; **Cor**: Sólido branco; **MP**: 200 °C

IR (cm^{-1}): 3449.51, 2970.46, 2837.06, 1570.33, 1461.74, 1304.67, 1284.47, 1058.18, 903.49, 825.61; 1H **NMR** (400 MHz, CDCl3) δ: 3.95 (3H, s), 4.00 (3H, s), 4.01 (6H, s), 5.39 (2H, s), 5.62 (1H, s), 5.74 (2H, s), 7.01 (1H, d, *J* = 8.8 Hz), 7.15 (1H, d, *J* = 9.2 Hz), 7.39 (1H, s), 7.43 (3H, t), 7.59 (1H, t, *J* = 8Hz), 7.70 (1H, d, *J* = 8.8 Hz), 7.78 (2H, t, *J* = 6.8 Hz), 7.84 (1H, d, *J* = 8 Hz), 7.92 (1H, d, *J* = 8 Hz);[13] **C RMN** (100 MHz, CDCl3) δ: 46.64, 76.66, 111.88, 115.25, 115.47, 118.75, 121.11,122.11, 124.20, 127.03, 128.71, 129.22, 130.32, 130.41, 130.79, 130.82, 130.99, 146.87, 151.68, 161.15, 166.42; **HRMS** (ESI): m/z [M+H] calcd. Para C32 H30O6 N3:552.2129; encontrado: 552.2125.

Composto 12

Rendimento: 65 %; **MF**: C33 H31 O7 N3; **Peso molecular**: 581,62; **Cor**: Sólido branco; **MP**: 210 °C

IR (cm^{-1}): 3404,94, 2918,20, 2848,75, 1567,44, 1457,19, 1306,73, 1285,33, 1060,76, 897,17, 818,54; 1H **NMR** (400 MHz, CDCl3) δ: 3,95 (9H, s), 4,00 (6H, s), 5,59 (2H, s), 5,75 (1H, s), 6,07 (2H, s), 7.00 (1H, d, *J* = 8.8 Hz), 7.12 (1H, d, *J* = 8.8 Hz), 7.17 (1H, d, *J* = 2.4 Hz), 7.37 (1H, s), 7.39 (2H, d, J = 8.8 Hz), 7.60 (1H, d, J = 8 Hz), 7.771-7.838 (4H, m);[13] **C NMR** (100 MHz, CDCl3) s: 29.69, 55.36, 56.09, 56.34, 60.98, 62.01, 73.78, 100.73, 102.96, 103.94,104.59, 107.29, 110.53, 111.25, 113.32, 113.52, 115.88, 119.01, 119.28, 119.72, 122.16, 122.64, 126.55, 126.93, 130.22, 131.11, 131.42, 133.39, 143.84, 145.10, 145.72, 146.89, 148.76, 150.69, 151.43, 153.45, 156.19, 158.06, 191.49, 194.75; **HRMS** (ESI): m/z [M+H] calcd. Para C33 H32 O7 N3:582.2235; encontrado: 582.2231.

Composto 13

Rendimento: 73 %; **MF**: C30 H25 O3 N3; **Mol.Wt**: 475,54; **Cor**: Sólido branco; **MP**: 232 °C

IR (cm^{-1}): 3510.21, 2899.56, 2823.51, 1568.16, 1456.56, 1298.42, 1258.36, 1045.63, 911.62, 823.89; 1H **NMR** (400 MHz, CDCl3) 8: 2.32 (1H, s), 3.84 (1H, s), 5.46 (2H, s), 5.70 (1H, s), 5.95 (2H, s), 6.85 (1H, d, J = 8.8 Hz), 6.97 (1H, d, J = 8.8 Hz), 7.19 (1H, d, J = 2.4 Hz), 7.27 (3H, m), 7.48 (1H, s), 7.54 (1H, d, J = 8.8 Hz), 7.66 (1H, dd, J1= 2 Hz & $J2$ = 6.4 Hz), 7,70 (1H, d, J = 2 Hz), 7,79 (1H, d, J = 9,2 Hz), 7,92 (2H, d, J = 8,2 Hz); **MS**: m/z = 474,1811.

Composto 14

Rendimento: 71 %; **MF**: C31 H27 O3 N3; **Peso molecular**: 505,56; **Cor**: Sólido branco; **MP**: 175 °C

IR (cm^{-1}): 3460.46, 2925.12, 2842.65, 1573.39, 1454.67, 1304.78, 1278.46, 1035.21, 895.32, 818.89; 1H **NMR**(400 MHz, CDCl3) 8: 2.46 (3H, s), 3.95 (3H, s), 3.99 (3H, s), 5.58 (2H, s), 5.72 (1H, s), 6.07 (2H, s), 6.99 (1H, d, J = 8.8 Hz), 7.13 (1H, d, J = 8.8 Hz), 7.17 (1H, d, J = 2.4 Hz), 7.31 (3H, m), 7.47 (1H, s), 7.59 (1H, d, J = 8.8 Hz), 7.75 (1H, dd, J1= 2 Hz & J2= 6.4 Hz), 7,79 (1H, d, J = 2 Hz), 7,86 (1H, d, J = 9,2 Hz), 8,06 (2H, d, J = 8,2 Hz); **HRMS** (ESI): m/z [M+H] calcd. Para C31 H28 O3 N3:506.2074; encontrado: 506.2073.

Espectro de IV do composto 3

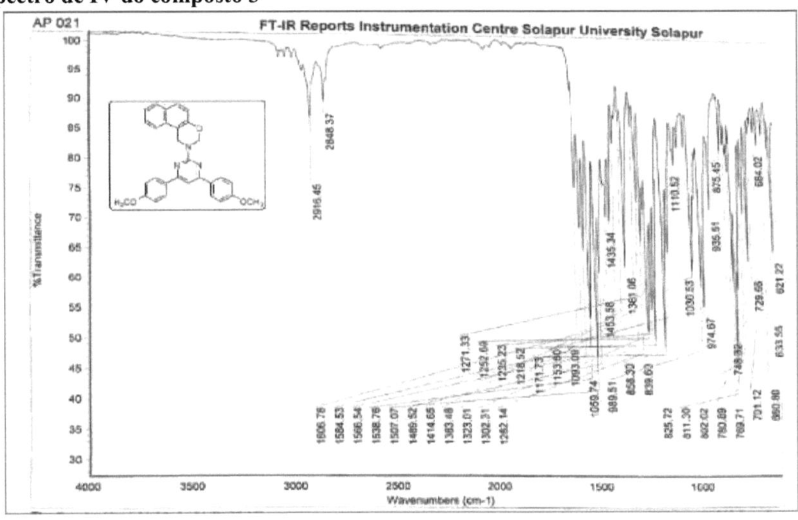

¹H NMR of compound 3

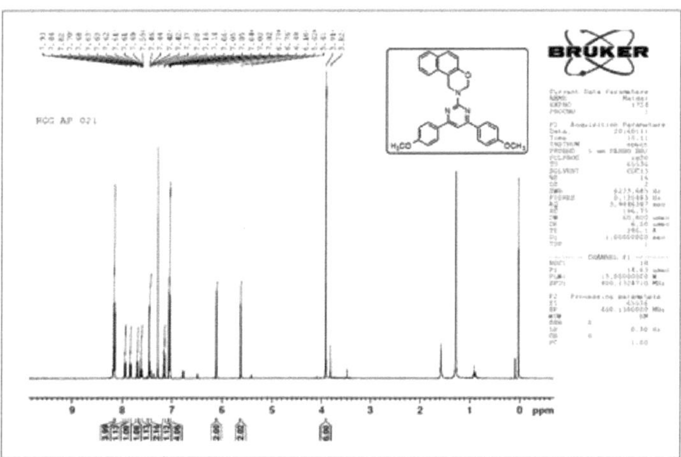

Mass spectrum of compound 3

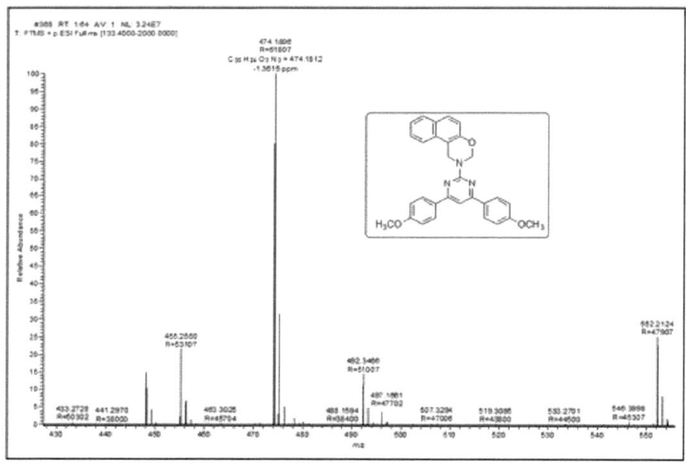

IR spectrum of compound 4

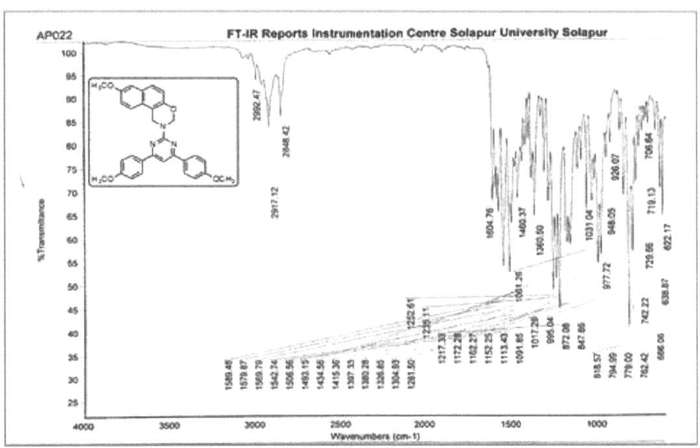

¹H NMR of compound 4

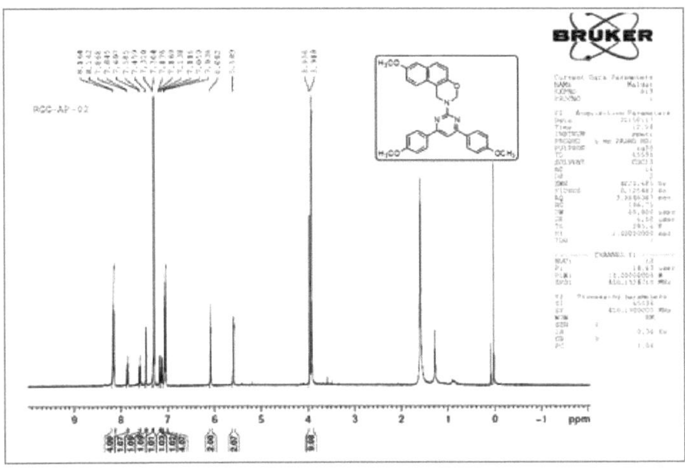

Mass spectrum of compound 4

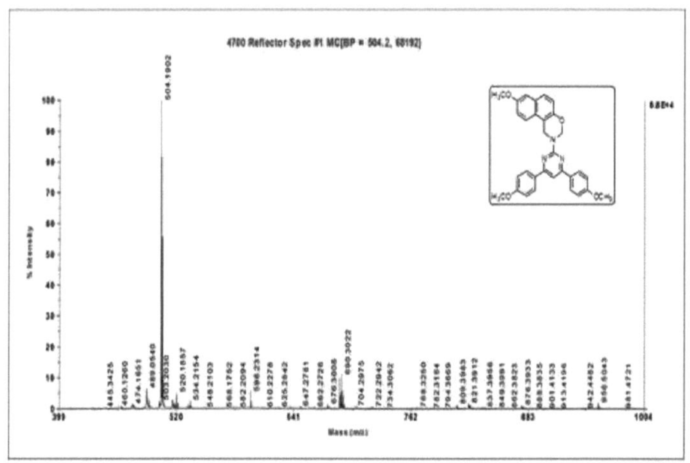

HRMS of compound 5

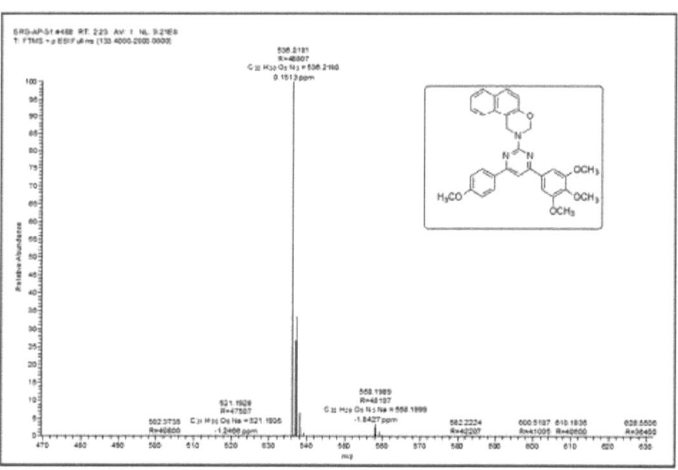

HRMS of compound 6

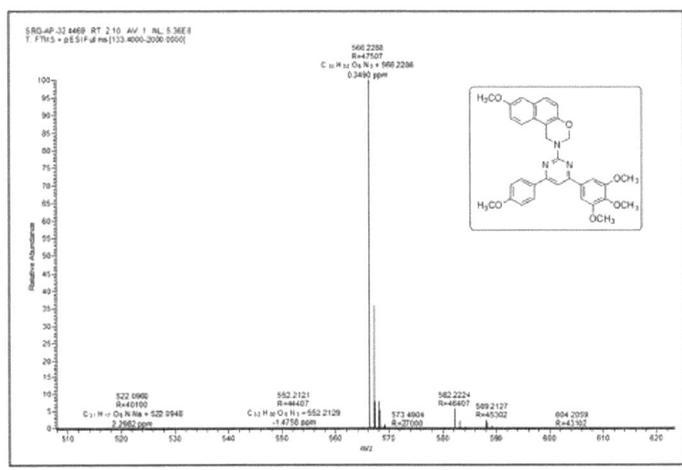

IR spectrum of compound 7

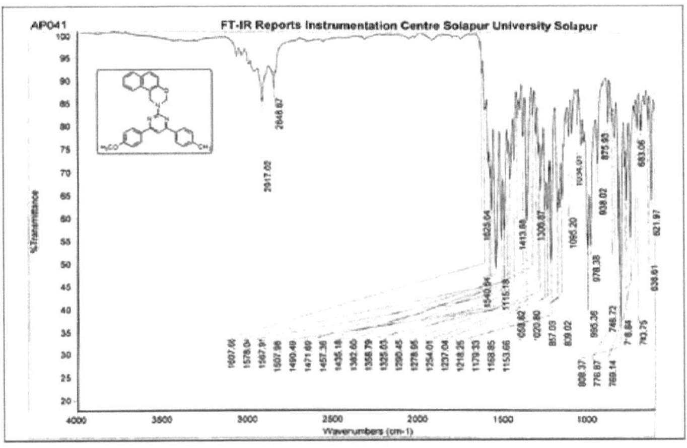

^{1}H NMR of compound 7

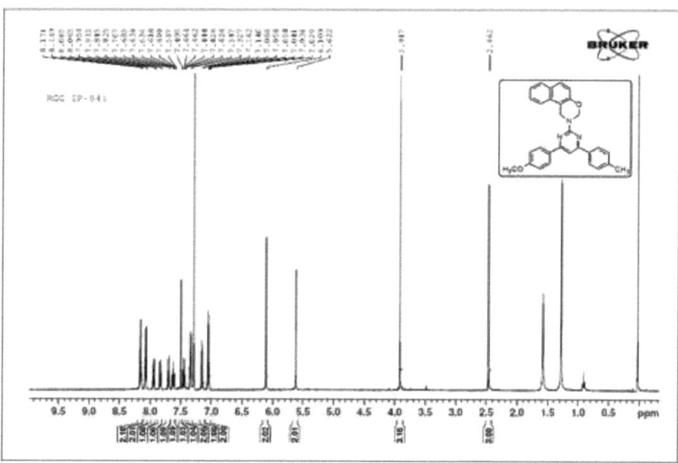

IR spectrum of compound 8

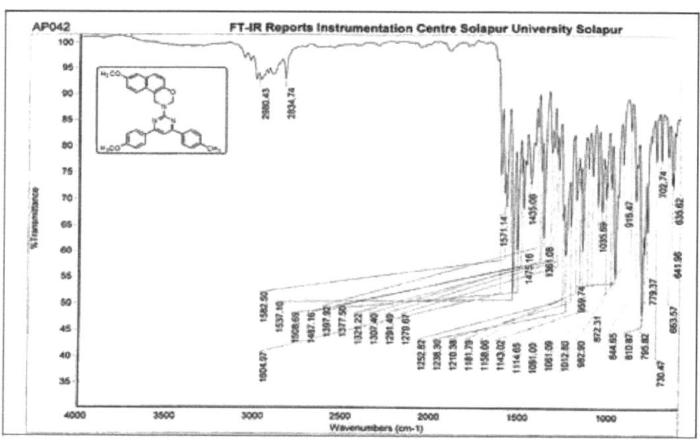

^{1}H NMR of compound 8

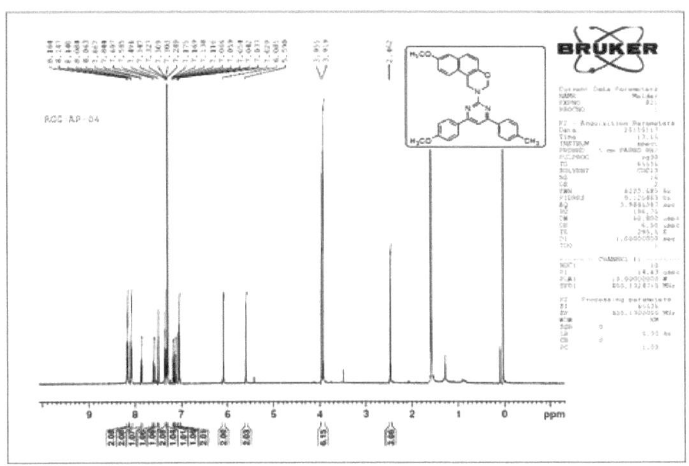

^{13}C NMR of compound 8

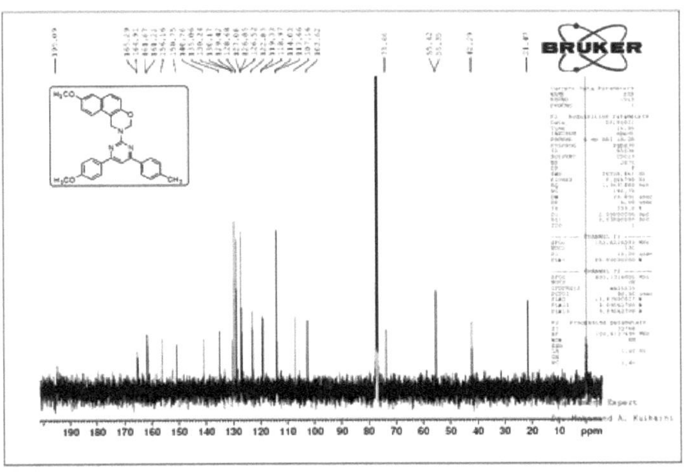

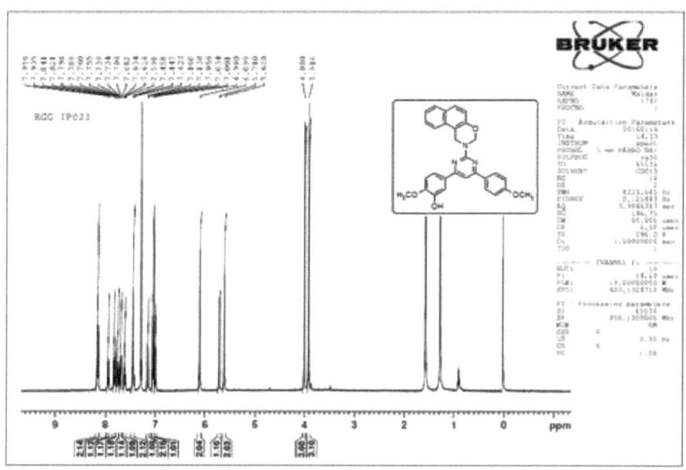

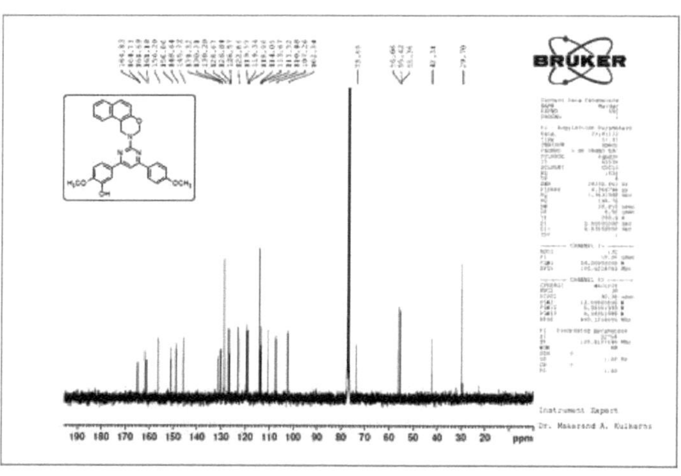

36

DEPT spectrum of compound 9

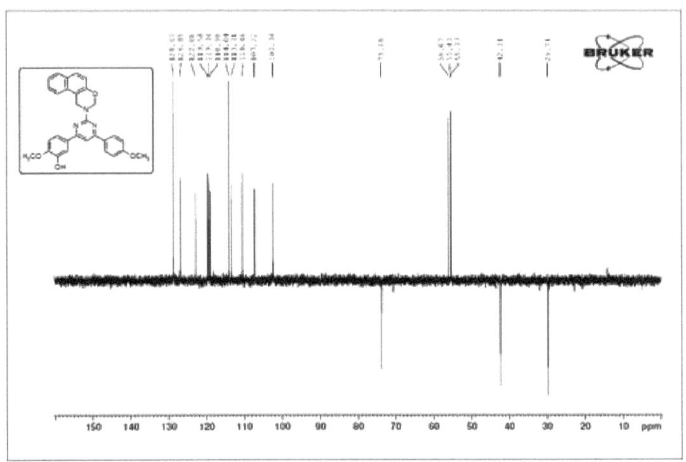

IR spectrum of compound 11

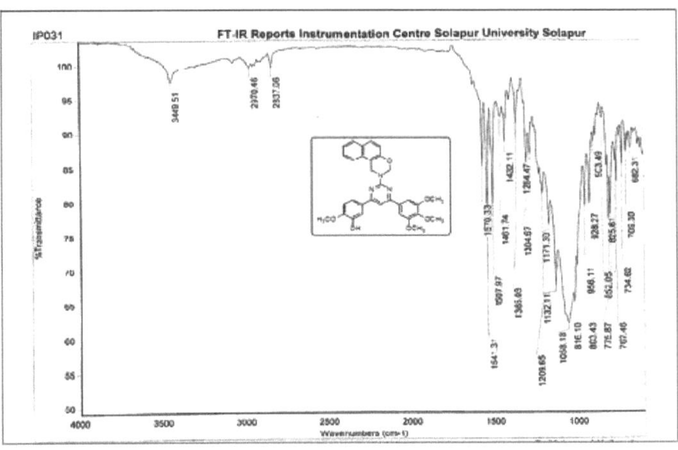

^{1}H NMR of compound 11

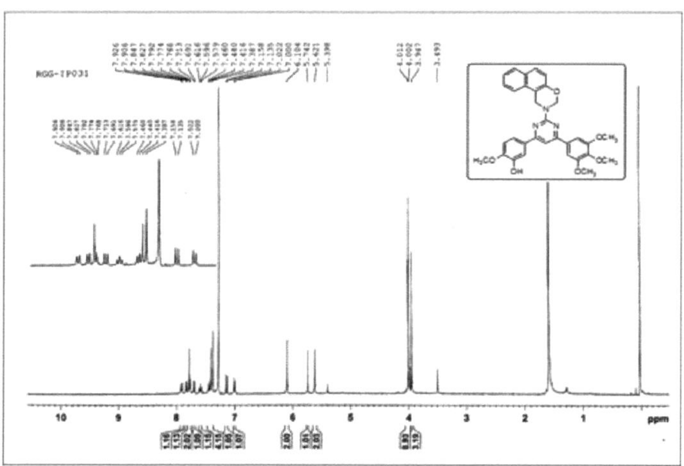

HRMS of compound 11

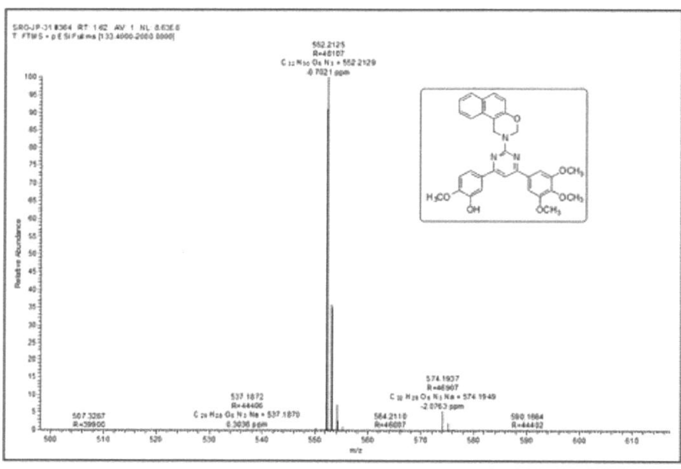

38

IR spectrum of compound 12

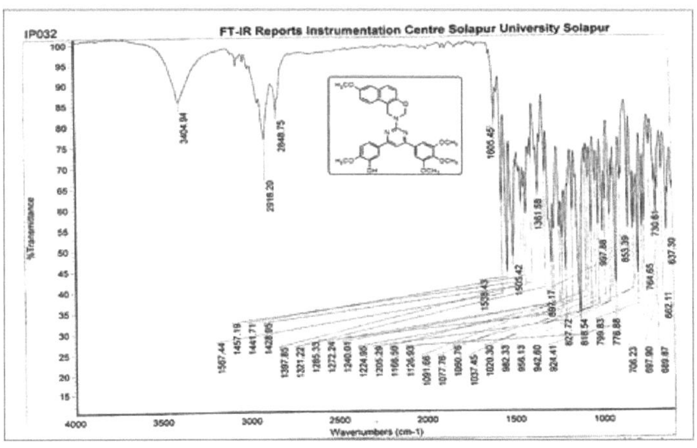

^{1}H NMR of compound 12

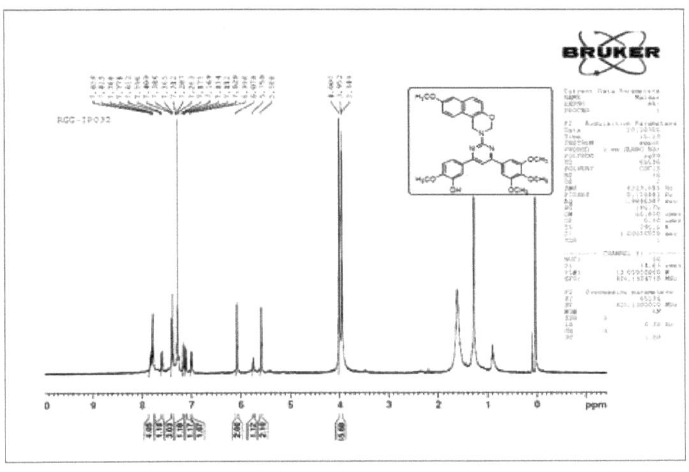

^{13}C NMR of compound 12

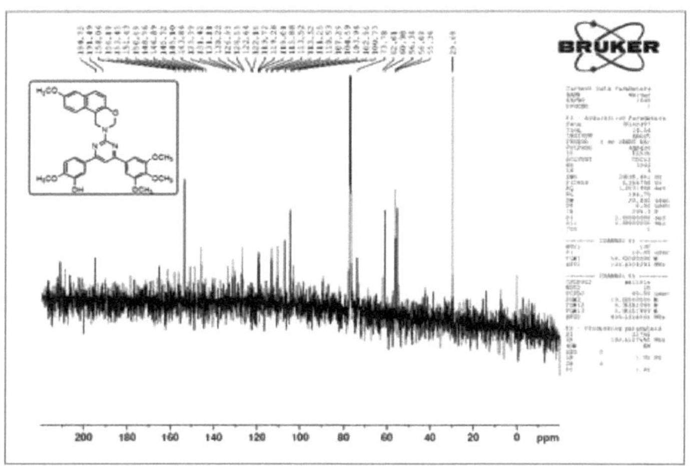

DEPT spectrum of compound 12

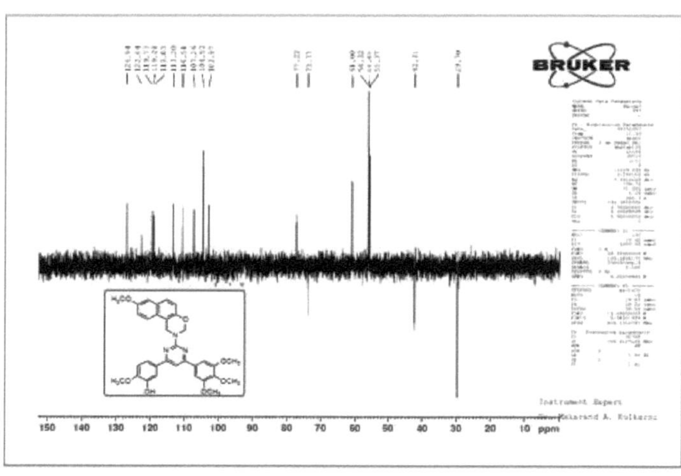

HRMS of compound 12

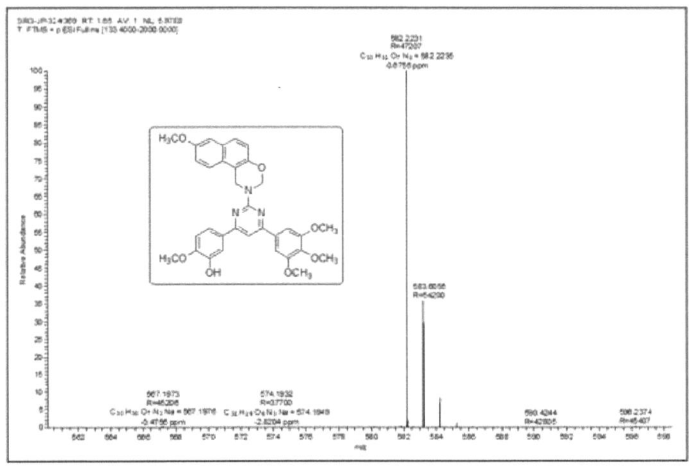

^{1}H NMR of compound 13

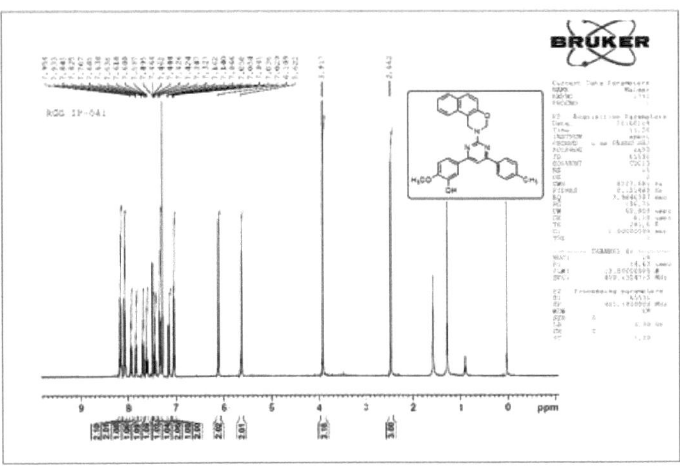

41

Mass spectrum of compound 13

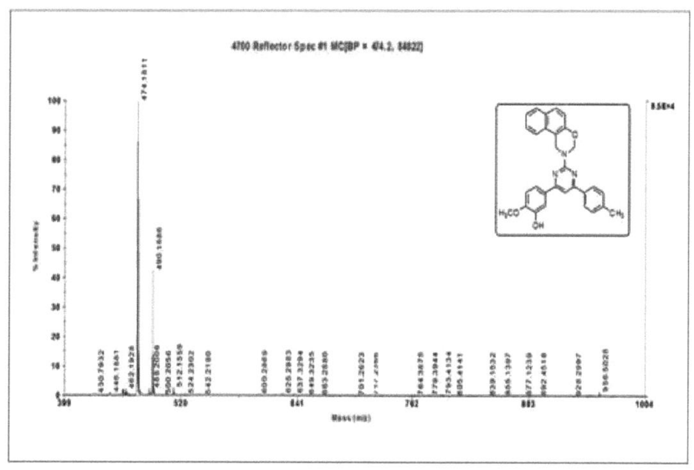

¹H NMR of compound 14

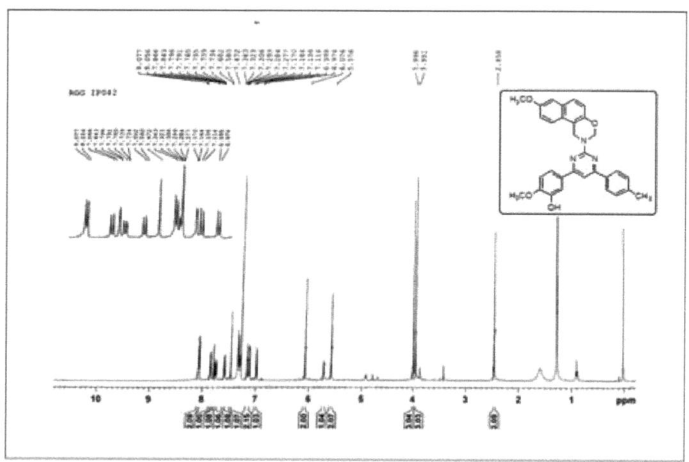

42

HRMS of compound 14

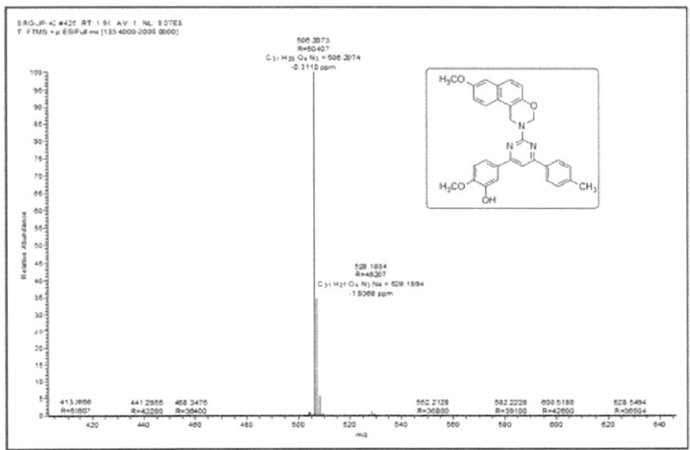

Referências

1. Lagoja, I. M. *Química e Biodiversidade*, **2007**, 2, 1-50.
2. Munawar, M. A.; Azad, M.; Siddiquia, H. L.; Nasim, F. H. *Journal of the Chinese Chemical Society*, **2008,** 55, 394-400. 38
3. Amr, A.E.; Nermien, M.S.; Abdulla, M. M. *Monatsh. Chem.* **2007**, 138, *699-707.*
4. Fujiwara, N.; Nakajima, T.; Ueda, Y.; Fujita, H.; Kawakami, H. *Bioorg. Med. Chem.* **2008**, 16, *9804-9816.*
5. Ballell, L.; Field, R. A.; Chung, G. A. C.; Young, R. J. *Bioorg. Med. Chem. Lett.* **2007**, 17, *1736-1740.*
6. Wagner, E.; Al-Kadasi, K.; Zimecki, M.; Sawka-Dobrowolska, W. *Eur. J. Med. Chem.* **2008**, 43, *2498-2504.*
7. Cordeu, L.; Cubedo, E.; Bandres, E.; Rebollo, A.; Saenz, X.; Chozas, H.; Victoria Dommguez, M.; Echeverria, M.; Mendivil, B.; Sanmartin, C. *Bioorg. Med. Chem.* **2007**, 15, *1659-1669.*
8. Gorlitzer, K.; Herbig, S.; Walter, R. D. *Pharmazie* , **1997**, 52, *670-672.*
9. Ukrainets, I.V.; Tugaibei, I.A.; Bereznykova, N.L.; Karvechenko, V.N.; Turov, A.V. *Chemistry of Heterocyclic Compounds* , **2008**, 5, *565-575.*
10. Wang, S.Q.; Fang, L.; Liu, X.J.; Zhao, K. *Chinese Chem. Lett.* **2004**, 15, *885-888.*
11. Desai, N. C.; Makwana, A.H.; Senta, R. D. *J. Saudi Chem. Soc.* **2015**. Doi:10.1016/J.Jscs.2015.01.004.
12. Kanawade, S. B.; Toche, R. B.; Rajani, D. P. *Eur. J. Med. Chem.* **2013,** 64, 314-320.
13. Attri, P.; Bhatia, R.; Gaur, J.; Arora, B.; Gupta, A.; Kumar, N. *Arab. J. Chem.* **2014**, 75, 195-202.
14. Himaja, M.; Rout, P. K.; Karigar, A. A; Poppy, D.; Munirajasekhar, D. *Universal Journal Of Pharmacy*, **2012**, 01, 72-77.
15. Keche, A. P.; Hatnapure, G. D.; Tale, R. H.; Rodge, A. H.; Birajdar, S.S.; Kamble, M. *Bioorg. Med. Chem. Lett.* **2012,** 22, 3445-3448.
16. Ma, L.; Wang, B.; Pang, L.; Zhang, M.; Wang, S.; Zheng, Y. *Bioorg. Med. Chem. Lett.* **2015,** 25, 1124-1128.
17. Qin, W.; Sang, C.; Zhang, L.; Wei, W.; Tian, H.; Liu, H.;. *Eur. J. Med. Chem.* **2015,** 95, 174-184.
18. Abbas, S. E.; Gawad, N. M. A.; George, R. F.; Akar, Y. A. *Eur. J. Med. Chem.* **2013,** 65, 195-204.
19. Perspicace, E.; Jouan-Hureaux, V.; Ragno, R.; Ballante, F.; Sartini, S.; Motta, C. L. *Eur. J. Med. Chem.* **2013,** 63, 765-781.
20. Chikhale, R.; Menghani, S.; Babu, R.; Bansode, R.; Bhargavi, G.; Karodia, N. *Eur. J. Med. Chem.* **2015,** 96, 30-46.
21. Tremblay, M.; Bethell, R. C.; Cordingley, M. G.; DeRoy, P.; Duan, J.; Duplessis, M. *Bioorg. Med. Chem. Lett.* **2013**, 23, 2775-2780.
22. Tichy, M.; Pohl, R.; Xu, H. Y.; Chen , Y.; Yokokawa, F.; Shi, P. *Bioorg. Med. Chem.* **2012,** 20, 6123-6133.
23. Toobaei, Z.; Yousefi, R.; Panahi, F.; Shahidpour, S.; Nourisefat, M.; Doroodmand, M. M. *Carbohydr. Res.* **2015**, 411, 22-32.
24. Shakya N, Vedi S, Liang C, Yang F, Agrawal B, Kumar R *Bioorg Med. Chem. Lett.* **2014**; 24, 1407-1409.
25. Mane, U. R.; Li, H.; Huang, J.; Gupta, R. C.; Nadkarni, S. S.; Giridha, R. *Bioorg. Med.*

Chem. Lett. **2012**, 20, 6296-6304.

26. Suryawanshi, S. N.; Kumar, S.; Shivahare, R.; Pandey, S.; Tiwari, A.; Gupta, S. *Bioorg. Med. Chem. Lett.* **2013**, 23, 5235-5238.

27. Loidreau, Y.; Marchand, P.; Dubouilh-Benard, C.; Nourrisson, M.; Duflos, M.; Loaec, N. *Eur. J. Med. Chem.* **2013**, 59, 283-295.

28. Shook, B. C.; Chakravarty, D.; Barbay, J. K.; Wang, A.; Leonard, K.; Alford, V. *Bioorg. Med. Chem. Let.t* **2013**, 23, 2688-2691.

29. Amr, A. E. E.; Sayed, H. H.; Abdulla, M. M. *Arch. Pharm. Chem. Life Sci.* **2005**, 338, 433-440.

30. Lacotte, P.; Buisson, D.; Ambroise, Y. *Eur. J. Med. Chem.* **2013**, 62, 722-727

31. Liu, L. H.; Ludewig, U.; Gassert, B.; Frommer, W. B.; Wiren, N. V.*Plant Physiol.* **2003**, 133, 3,1220-1228.

32. Stella, A.; Belle, K. V.; Jonghe, S. D.; Louat, T.; Herman, J.; Rozenski, J. *Bioorg. Med. Chem. Lett.* **2013**, 21, 1209-1218 68

33. Mathews, A.; Asokan, C.V. *Tetrahedron.* **2007**, 63, 33, 7845-7849.78

34. Mathew, B. P. *Jornal Europeu de Química Medicinal.* **2010**, 45, 4, 1502-1507. 8

35. Verma, V.; Singh, K.; Kumar, D.; Klapotke, T. M.; Stierstorfer, J.; Narasimhan, B.; Qazi, A. K.; Hamid, A.; Jaglan, S. *Eur. J. of Med. Chem.*, **2012**, 56, 195-202.

36. Shih, M. H.; Ying, K. F. *Bioorg. Med. Chem.*, **2004**, *12*, 4633-4643.

37. Giri, R.S.; Thaker, H.M.; Giordano, T.; Williams, J.; Rogers, D.; Sudersanam, V.; Vasu, K.K. *Eur. J. Med. Chem.*, **2009**, *44*, 2184-2189.

38. Stover, C. K.; Warrener, P.; Van Devanter, D. R.; Sherman, D. R.; Arain, T. M.; Langhorne, M. H.; Anderson, S. W.; Towell, J. A.; Yuan, Y.; McMurray, D. N., Kreiswirth, B. N.; Barry, C. E.; Baker, W. R.; *Nature,* **2000**, 405, *962-966*

39. Karuvalam, R. P.; Haridas, K. R.; Nayak, S. K.; Guru Row, T. N.; Rajeesh, P.; Rishikesan, R.; Suchetha Kumari, N. *Eur. J. Med. Chem.*, **2012**, *49*, 172-182.

40. Iino, T.; Tsukahara, D.; Kamata, K.; Sasaki, K.; Ohyama, S.; Hosaka, H.; Hasegawa, T.; Chiba, M.; Nagata, Y.; Eiki. J.; Nishimura, T. *Bioorg. Med. Chem.*, **2009**, *17*, 27332743.

41. Saleh, I.; Jasim, A. R.; Christopher, B.; Murray, A.; Robertson, N. *Bio-organic & medicinal Chemistry,* **2011**, 19, 3983-3994.

42. Duffin, M.; Rollo, I. M. *Brit. J. Pharmacol,* **1957**, 12, *171* -175.

43. Chylinska, J. B.; Urbanski, T. *J. Med. Chem.*, **1963**, 6, 484-487

44. Bolognese, A.; Correale, G.; Manfra, M.; Lavecchia, A.; Mazzoni, O.; Novellino, E.; Barone, V.; Pani, A.; Tramontano, E.; La Colla, P.; Murgioni, C.; Serra, I.; Setzu, G.; Loddo; R. *J. Med. Chem.* **2002**, 21; 45, 5205-5216.

45. Morrison, R.; Belz, T.; Saleh, K. I.; Jasim, M. A.; Rawi, A.; Michael J. A. *Med. Chem. Res.*, **2014**, 23, 4680-4691.

46. Yang, X. H.; Xiang, L.; Li, X.; Zhao, T. T.; Zhang, H.; Zhou, W. P.; Wang, X. M.; Gong, H. B.; Zhu, H. L. *Bioorg. Med. Chem.*, **2012**, 1; 20, 2789-2795.

47. Bethune, M. P. *Antiviral Res.* **2010**, 85, 75-90.

48. Li, D.; Zhan, P.; Clercq, E. D.; Liu, X. *J. Med. Chem.* **2012**, 55, 3595-3613.

49. Kerdesky, F.A. J. *Tetrahedron Lett.* **2005**, *46*, 1711-1712. 23

50. Chaudari, A.; Pandeya, S. N.; Kumar, P.; Sharma, P. P.; Gupta, S.; Soni, N.; Verma, K. K.; Bhardwaj, G. *Mini-Rev. Med. Chem.* **2007**, 12, 1186-1205. 79

51. Tron, G. C.; Pirali, T.; Sorba, G.; Pagliai, F.; Busacca, S.; Genazzani, A. A. *J. Med. Chem.* **2006**, 49, 3033-3044.

52. Rizvi, M. A.; Dangat, Y.; Yaseen, Z.; Gupta V.; Khan, K. Z. *Croat. Chem. Ata., 2015* , 88, 289-296. 81

53. (a) Schmidt, J. G. *Ber. Dtsch. Chem. Ges.* **1880**, 13, 2342; (b) Claisen, L.; Claparede, A. *Ber. Dtsch. Chem. Ges.* **1881,** 14, 349; (c) Kohler, E. P.; Chadwell, H. M. *Org. Synth.* **1922,** 2, 1.

54. Burke, W. J.; Kolbezen, M. J.; Stephens, C.W. *J. Am. Chem. Soc.,* **1952,** 74, 36013605.

Capítulo 3

Síntese e caraterização de 2-tiazolil-2,*3-dihidro-1H-nafto*[1,2-e][1,3] oxazinas

3.1 Introdução

O tiazol ou 1,3-tiazol é um composto orgânico heterocíclico que possui um anel de cinco membros com três átomos de carbono, um de enxofre e um de azoto **Fig. 3.1**. Os tiazóis são membros dos heterociclos azólicos que incluem os imidazóis e os oxazóis. O anel de tiazol é planar e a sua aromaticidade é caracterizada pela deslocalização de um par de electrões solitários do átomo de enxofre para completar as necessidades de *6* electrões para satisfazer a regra de Huckel e a densidade calculada de electrões л mostra que o átomo C-5 pode sofrer substituição electrofílica e o átomo C-2 pode sofrer substituição nucleofílica[1] **Fig. 3.2**.

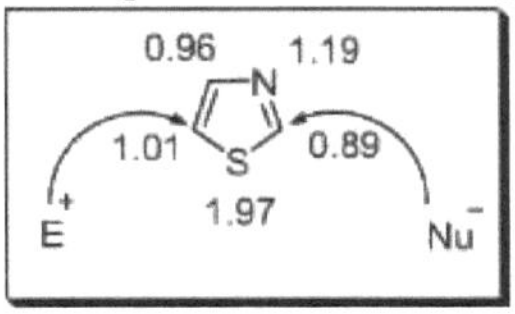

Fig. 3.1Fig . **3.2**

Em 1887, o cientista Hantzsch e Weber relataram os derivados do tiazolil. Estes são uma das classes mais intensamente investigadas e estudadas de compostos heterocíclicos de cinco membros. O anel tiazólico encontra-se naturalmente na vitamina B1 (tiamina) **Fig. 3.3**. A tiamina é uma vitamina solúvel em água. Ajuda o organismo a libertar energia dos hidratos de carbono durante o metabolismo. Também contribui para o funcionamento normal do sistema nervoso através do seu papel na síntese de neurotransmissores, como a acetilcolina.

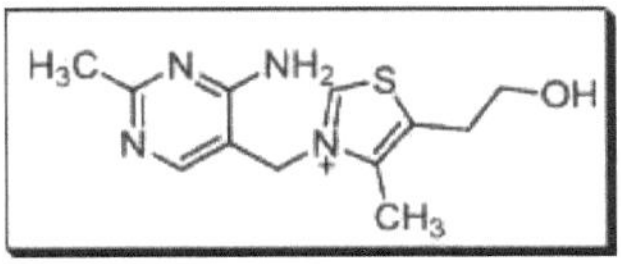

Fig. 3.3 Vitamina B1 (Tiamina)

O tiazol é um material de base para vários compostos químicos, incluindo fármacos sulfúricos, biocidas, fungicidas, corantes e aceleradores de reacções químicas. O grupo tiazolil tem grande importância, uma vez que aparece frequentemente na estrutura de vários produtos naturais, compostos biologicamente activos e em alguns antibióticos como a penicilina, a micrococcina[2] e compostos naturais como a vitamina B1 (tiamina) e a carboxilase. Assim, os derivados de tiazolilo são um dos suportes mais úteis na conceção e descoberta de fármacos.

Os tiazóis encontram-se em muitos compostos biologicamente activos potentes **Fig. 3.4**, como o sulfatiazol (medicamento antimicrobiano), o ritonavir (medicamento antirretroviral) e a abafungina (medicamento antifúngico),

Bleomycine, and Tiazofurin (antineoplastic drug) etc.

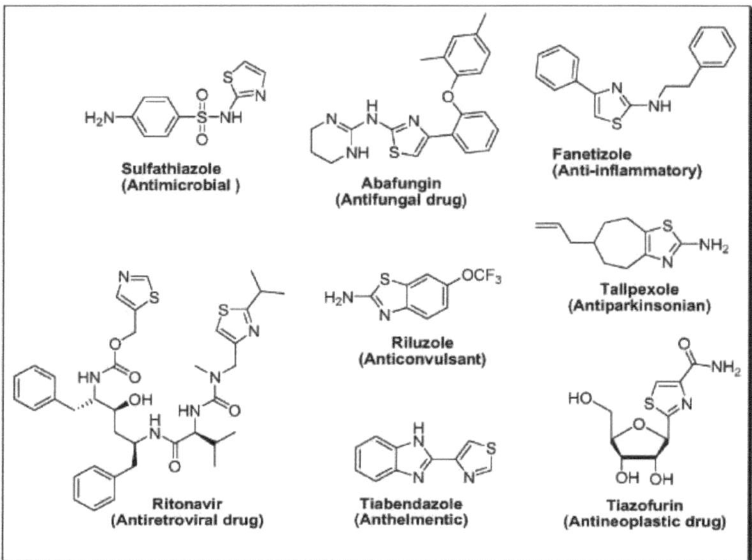

Fig. 3.4 Vários fármacos tiazólicos naturais e sintéticos

3.2 Revisão da literatura

As moléculas com uma fração tiazólica apresentam uma vasta gama de actividades físico-químicas e biológicas, incluindo actividades antimicrobianas,[3] anti-inflamatórias e antioxidantes,[4] analgésicas,[5] antialérgicas,[6] anticancerígenas,[7] antituberculosas,[8] antidiabéticas,[9] anti-hipertensivas,[10] hipnóticas,[11] e anti-VIH[12].

Atividade antimicrobiana registada

Desai N.C. *et al.,*[13] sintetizaram uma série de novos compostos 4-(arilamino)-6-(tiazol- 2-ilamino)-1,3,5-triazin-2-il)isonicotinohidrazidas através de uma série de reacções em várias etapas. O rastreio antimicrobiano contra bactérias Gram-positivas, bactérias Gram-negativas e fungos revelou uma ação inibidora potente. Os compostos da **Fig. 3.5** apresentaram actividades antibacterianas e antifúngicas consideravelmente mais elevadas do que os antibióticos utilizados comercialmente.

Dawane B. S. *et al.,*[14] sintetizaram uma série de vários análogos de 1-(4-(4'-clorofenil)-2-tiazolil)- 3-aril-5-(*2-butil-4-cloro-1H-imidazol-5il*)-2-pirazolina. Entre os compostos sintetizados, os compostos da **Fig. 3.6** mostraram actividades potentes do que o medicamento padrão Tetraciclina contra quatro espécies de bactérias.

Mostafa, M. S. *et al.,*[15] relataram a síntese de derivados de 3- metil-2-pirazolin-5-ona substituídos por tiazol e indol e os compostos na **Fig. 3.7** mostraram boas actividades contra espécies bacterianas e fúngicas, respetivamente.

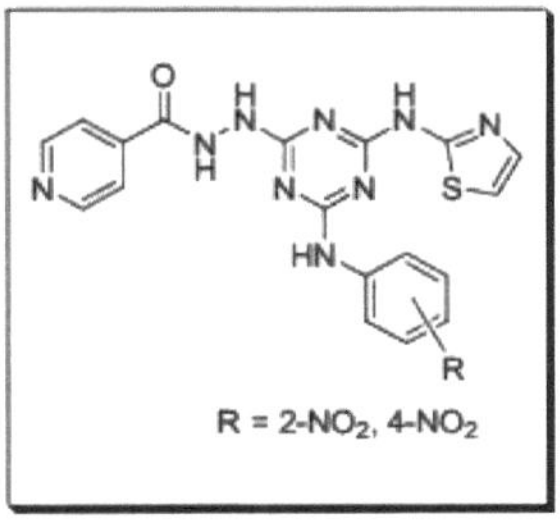

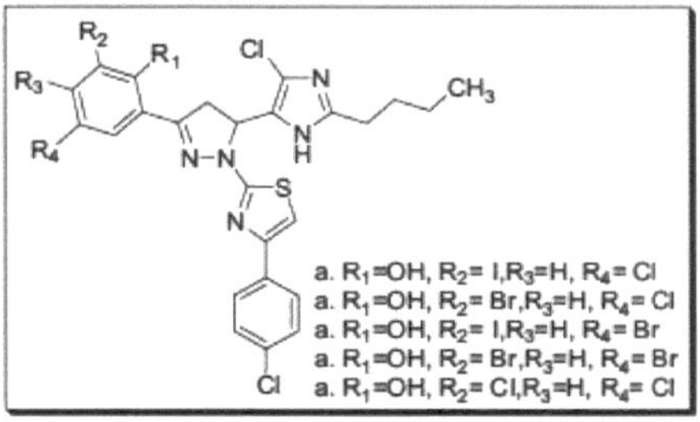

Fig. 3.5

Fig. 3.6

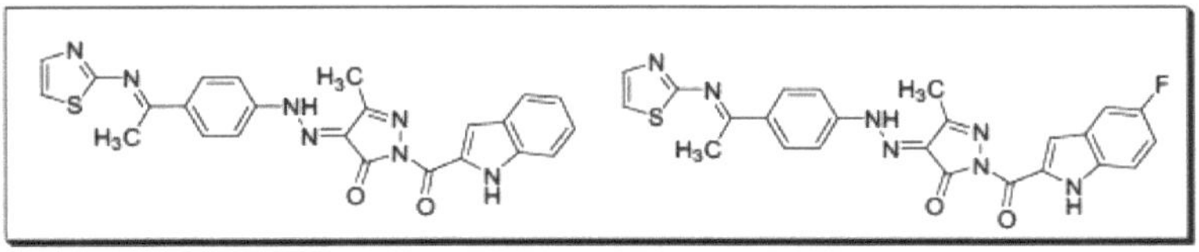

Fig. 3.7

Fig. 3.7

Bharti *et al.,*[16] sintetizaram uma série de arilideno-2-(4-(4-metoxi/bromofenil)tiazol-2-il)hidrazina e 1-(4-(4-metoxi/bromofenil)-tiazol-2-il)-2-ciclohexilideno / ciclopentilideno hidrazina. Entre os compostos sintetizados, os compostos da **Fig. 3.8** mostraram uma atividade potente contra quatro espécies de fungos do que o medicamento padrão Fluconazol.

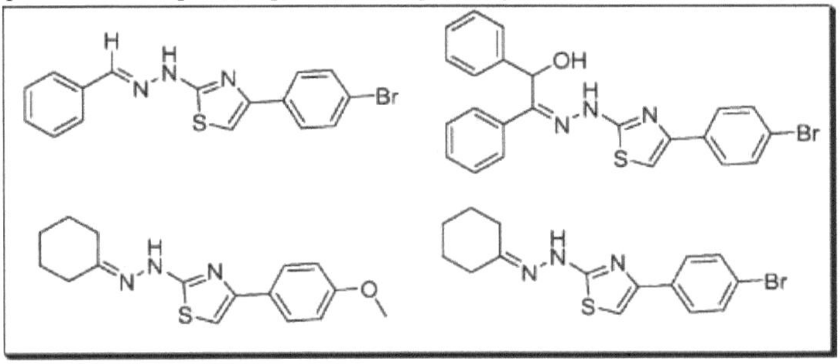

Fig. 3.8

Atividade antiprotozoária registada

Himaja M. N. *et al.,*[17] relataram tiazolilaminoácidos e péptidos N-metilados e investigaram a sua atividade anti-helmíntica. Entre os compostos sintetizados, o composto da **Fig. 3.9** mostrou uma atividade potente quando comparado com o medicamento padrão Mebendazole.

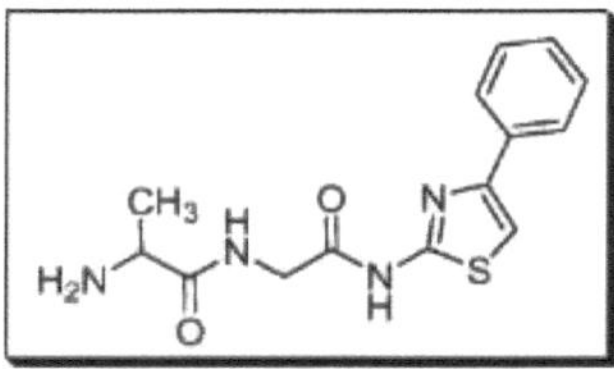

Fig. 3.9

Atividade antioxidante registada

Gauda M. A. *et al.,*[18] relataram derivados de tiazóis incorporados com cumarina como agentes antioxidantes. Os compostos **da Fig. 3.10** mostraram uma atividade antioxidante promissora comparável ao padrão (ácido ascórbico).

Devasagayam *et al.,*[19] relataram a atividade antioxidante de derivados de aminotiazol ([(4-amino-5-benzoil-2-(4-metoxifenil amino) tiazol]) de análogos da dendrodoina **Fig. 3.11**. Mostrou uma capacidade de inibir a formação de radicais do ácido 2,2-azobis-3-etilbenztiazolina-6-sulfónico (ABTS) na medida de 0,17 lM de ácido 6-hidroxi-2,5,7,8-tetrametilcroman-2carboxílico, padrão Trolox.

Fig. 3.10   Fig. 3.11

Atividade anti-inflamatória comprovada

Giri S. *et al.,*[20] relataram uma série de derivados de 2-(2,4-dissubstituído-tiazol-5-il)-3-aril-3H- quinazolina-4-ona e avaliaram a atividade anti-inflamatória no modelo de edema da pata de rato induzido por carragenina. O composto **da Fig. 3.12** foi considerado o composto mais ativo do que o ibuprofeno padrão.

Rostom *et al.,*[21] sintetizaram uma série de derivados de tiazóis polissubstituídos. Os

Os compostos da **Fig. 3.13** mostraram atividade anti-inflamatória e analgésica com um rápido início de

utilizando o diclofenac de sódio como medicamento padrão.

Fig. 3.12   Fig. 3.13

Atividade antituberculosa declarada

Karuvalam R. P. *et al.,*[22] relataram a síntese de uma série de derivados de (2-aminothiazol-4-

50

yl)metilésteres que foram analisados contra *Mycobacterium tuberculosis, Mycobacterium smegmatis, Mycobacterium fortuitum*. Entre os compostos sintetizados, os compostos da **Fig. 3.14 mostraram** uma boa atividade antituberculosa do que a isoniazida e a rifampicina padrão.

Aridoss *et al.*,[23] sintetizaram algumas novas tiazolidinonas e tiazóis com base em t-3-alquil-r-2,c-6-diarilpiperidin-4-onas e os compostos da **Fig. 3.15** exerceram uma melhor atividade antimicobacteriana.

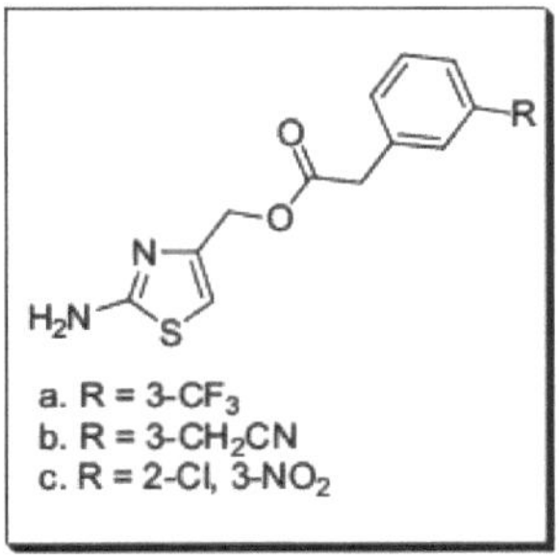

Fig. 3.14 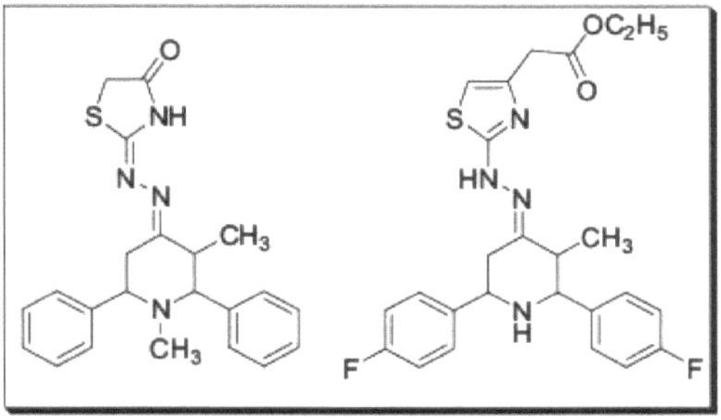 **Fig. 3.15**

Atividade antidiabética comunicada

Iino T. *et al.*,[24] relataram derivados de tiazolil benzamida como activadores da Glucokinase.

Os compostos 3-isopropoxi-5-[4-(metil sulfonil) fenoxi] -N- (4-metil -1,3-tiazol -2-il) benzamida e 3-[(1S)-2-hidroxi-1-metil etoxi]-5-[4-(metil sulfonil) fenoxi]-N-1,3-tiazol-2-il benzamida são activadores da glucocinase potentes, novos e biodisponíveis **Fig. 3.16**.

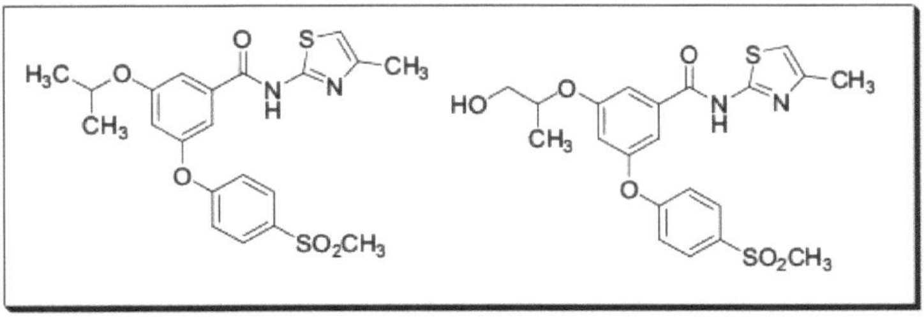

Fig. 3.16

Atividade anticonvulsivante e neuroprotectora comprovada

Azam F. *et al.*,[25] comunicaram a síntese de uma série de N4-(nafta[1,2-d]tiazol-2-il)semicarbazidas e uma atividade de largo espetro como agente anticonvulsivo **Fig. 3.17**.

Koufaki *et al.*,[26] sintetizaram novos análogos contendo derivados de 1,2-ditiolano e avaliaram a sua atividade neuroprotectora. Entre todos os compostos sintetizados, o composto **Fig. 3.18 revelou-se** altamente neuroprotector.

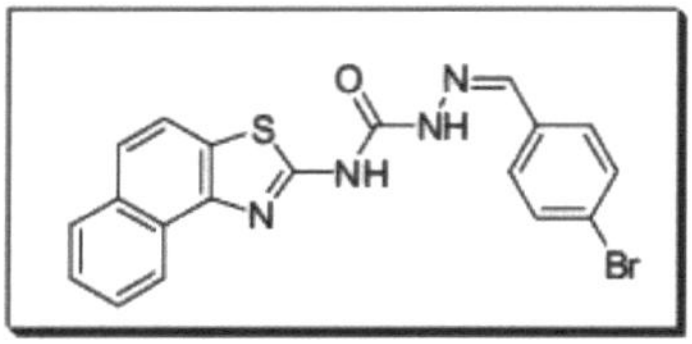

Fig. 3.17

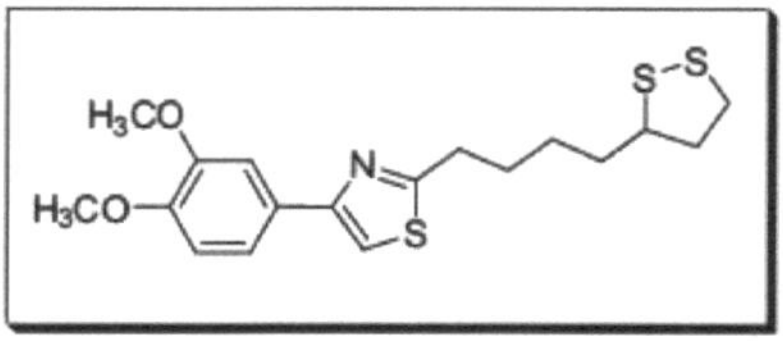

Fig. 3.18

Atividade anti-hipertensiva declarada

Abdel-Wahab *et al.*,[27] sintetizaram tiazolil malonamida, tetracloroisoindolilimida e derivados de triazol e, entre os compostos sintetizados, o composto **Fig. 3.19** mostrou uma boa atividade do que o padrão Minoxidil com baixa toxicidade.

Zitouni *et al.*,[28] sintetizaram derivados de 1-(4-ariltiazol-2-il)-3,5-diaril-2-pirazolina através da reação de derivados de 1-tiocarbamoil-3,5-diaril-2-pirazolina com brometo de fenacetilo, que foi relatado como mostrando um aumento na atividade hipotensora dos compostos **Fig. 3.20.**

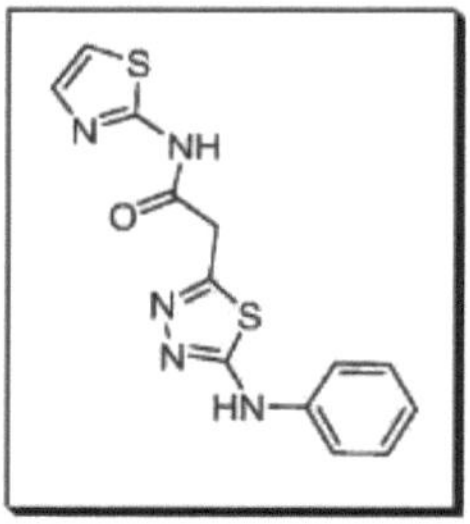

Fig. 3.19

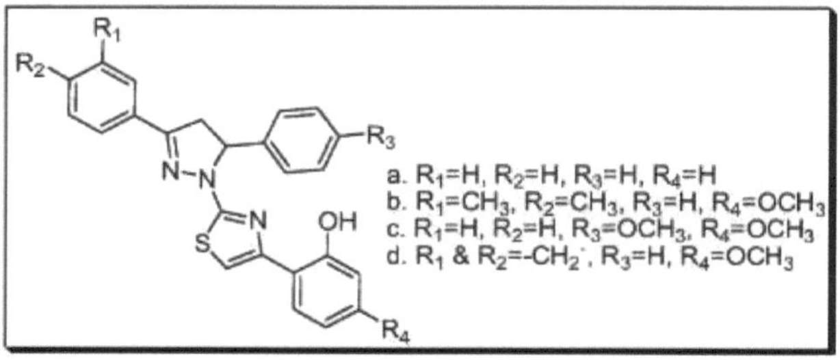

Fig. 3.20

Atividade anti-alzheimer comunicada

Shiradkar *et al.*,[29] relataram uma nova série de inibidores da cdk5/p25 com triazoliltiazóis em forma de clube, potencialmente útil para o tratamento da doença de Alzheimer. Os compostos da **Fig. 3.21** reduzem significativamente a cdk5/p25 do cérebro e, por conseguinte, têm potencial como possíveis tratamentos para a doença de Alzheimer.

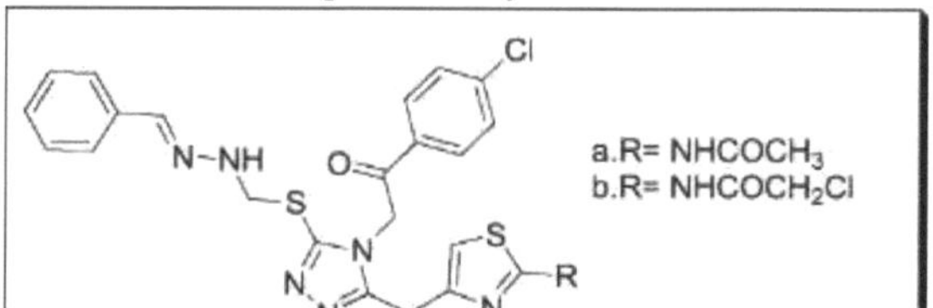

Fig. 3.21

Atividade antitumoral e citotóxica registada

Gulsory e Guzeldemirci *et al.*,[30] sintetizaram uma série de hidrazidas de ácido arilideno acético [6-(4-bromofenil) imidazo [2,1-b]tiazol-3-il] e comunicaram a sua atividade citotóxica em três linhas de células tumorais humanas. O composto da **Fig. 3.22** demonstrou o efeito mais potente num cancro da próstata.

Popsavin *et al.*,[31] sintetizaram um novo análogo da tiazofurina, 2-(3-amino-3-deoxi-b-D-xilofuranosil) tiazol-4-carboxamida e avaliaram a atividade antiproliferativa *in vitro* contra um painel de células tumorais humanas. O composto da **Fig. 3.23** apresentou a citotoxicidade mais significativa contra as células K562, sendo aproximadamente 100 vezes mais potente do que a tiazofurina.

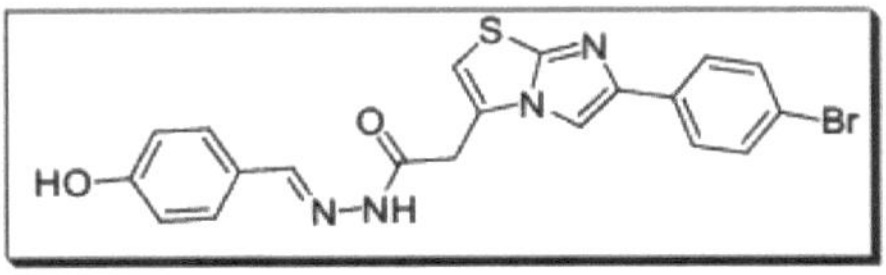

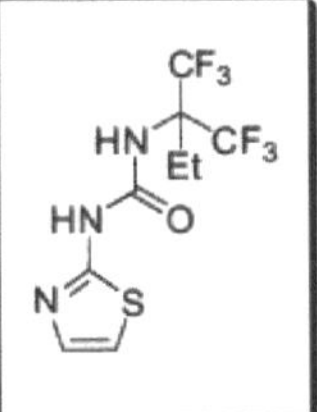

Fig. 3.22 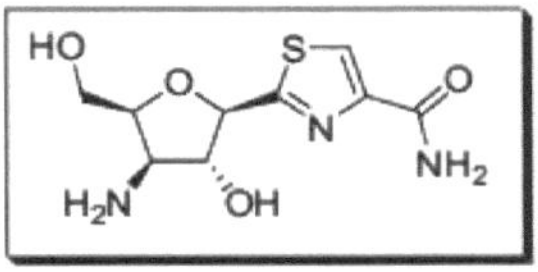   **Fig. 3.23**

Atividade anticancerígena registada

Liu *et al.*,[32] relataram a síntese de 3,4-diariltiazol-2(*3H*)-onas e derivados de 3,4-diariltiazol-2(*3H*)-iminas e avaliaram a citotoxicidade contra linhas de células cancerígenas. Os compostos da **Fig. 3.24** mostraram uma atividade potente contra as células CEM humanas.

Luzina *etal.*,[33] sintetizaram N-bis(trifluorometil)alquil-N'-tiazolil e benzotiazolil ureias e avaliaram-nas contra as linhas celulares de cancro humano. O composto da **Fig. 3.25** revelou-se o mais potente contra o cancro da próstata humano e as linhas celulares de leucemia.

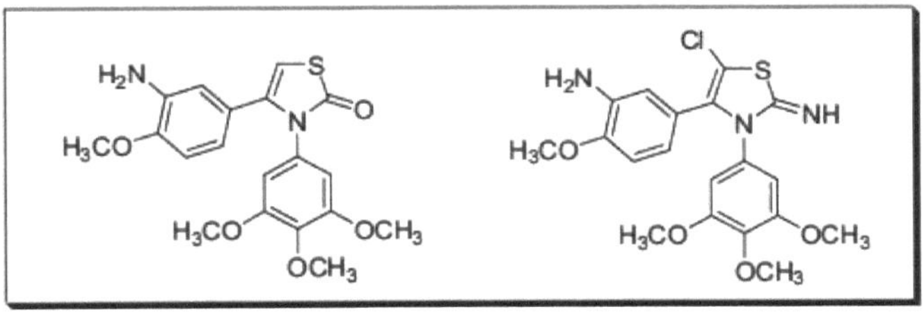

Fig. 3.24   **Fig. 3.25**

Atividade anti-HIV comunicada

Bell W. F. *et al.*,[34] comunicaram a existência de feniltiazoliltioureias como agentes anti-HIV. O composto principal da série, N-(2-fenetil)-N'-(2-tiazolil) tioureia, inibe o VIH-1 RT **Fig. 3.26.**

Rawal *et al.*,[35] sintetizaram uma série de 2-aril-3-heteroaril-1,3-tiazolidina-4-onas e avaliaram-nas como inibidores selectivos da enzima transcriptase reversa do vírus da imunodeficiência humana tipo 1 (HIV-1, RT) **Fig. 3.27.**

Turan-Zitouni *et al.*,[36] sintetizaram derivados de 3,4-diaril-3Htiazol-2-ilideno)pirimidin-2-il amina e avaliaram-nos quanto à atividade anti-HIV. Entre os compostos testados, o composto da **Fig. 3.28** mostrou uma excelente atividade.

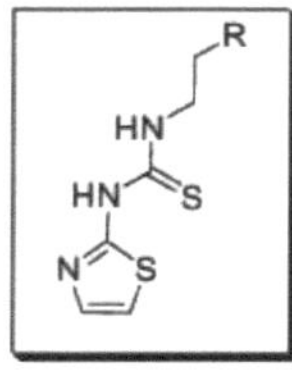 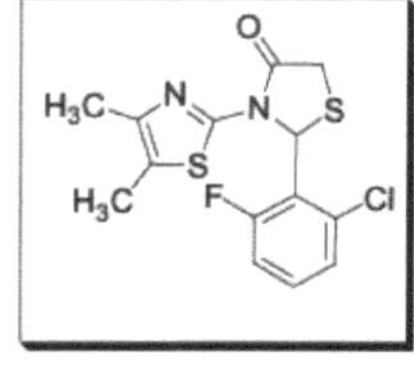 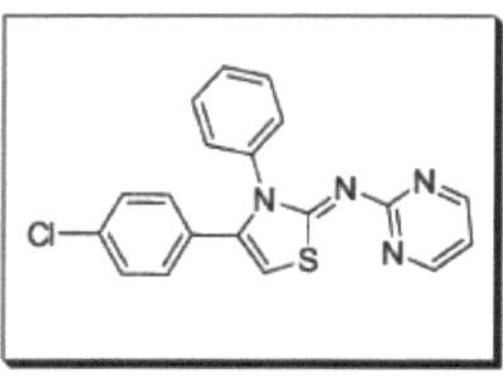

Fig. 3.26   **Fig. 3.27**   **Fig. 3.28**

Métodos relatados para a síntese de tiazóis

As tiazolil aminas foram as aminas primárias utilizadas para a síntese de uma série de derivados de 2-tiazolil-2,3-*dihidro-1H-nafto*[1,2-e][1,3] oxazina. Os métodos relatados para a síntese são os seguintes,

A síntese de tiazolil aminas pode ser efectuada através da conhecida síntese de tiazóis de Hantzsch (1889) a partir de a-haloketonas e tioamidas **Fig. 3.29**

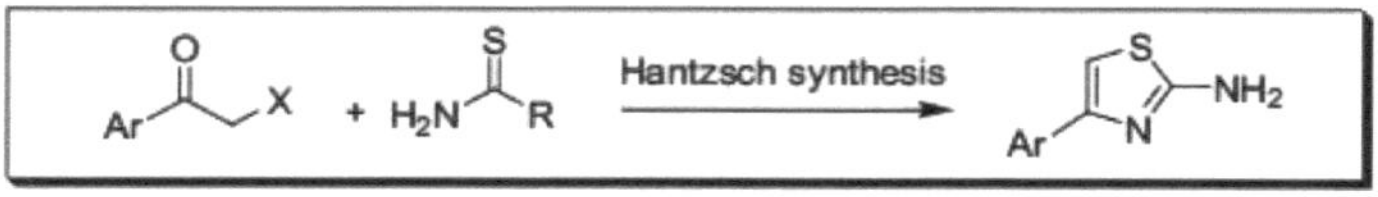

Fig. 3.29

Schwarz, G. *et al.*,[37] relataram a síntese de 2,4-dimetiltiazol a partir de acetamida, pentassulfureto de fósforo e cloroacetona **Fig. 3.30**.

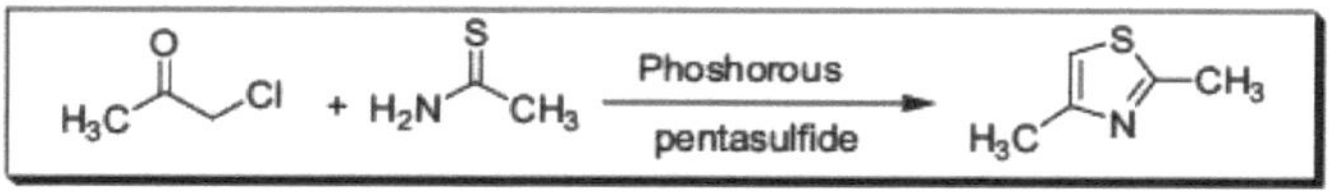

Fig. 3.30

Alajarin, M. *et al.*,[38] A N,N,5-trimetil-4-feniltiazol-2-amina é também preparada pela reação de 2-cloro-1-fenilpropan-1-ona e 1,1-dimetiltioureia **Fig. 3.31**.

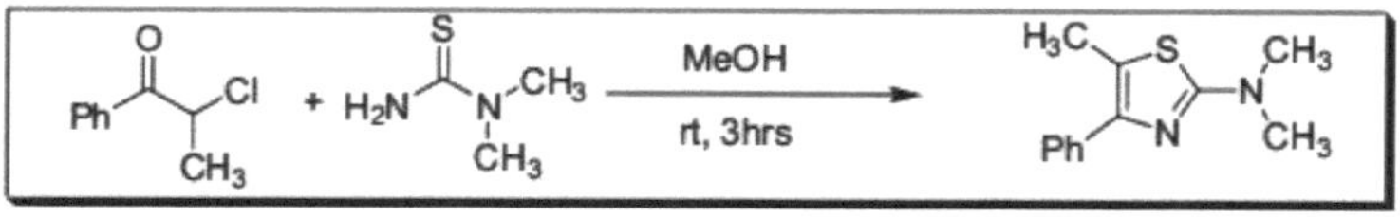

Fig. 3.31

A caraterística do núcleo **1,3-oxazina** encontra-se de forma proeminente em muitos produtos naturais biologicamente importantes, bem como em moléculas bioactivas. Os seus derivados têm recebido uma atenção considerável devido às várias propriedades farmacêuticas interessantes associadas a este andaime heterocíclico.

Os heterociclos oxazínicos têm especial interesse porque constituem uma classe importante de produtos naturais e não naturais e apresentam actividades biológicas úteis. Verificou-se que possuem propriedades biológicas variadas, tais como atividade antimicrobiana,[39,40] anti-oxidante,[41] anti-inflamatória,[42] antituberculosa,[43,44] antidiabética,[45] anti-plaquetária,[46] anti-maléfica,[47] anti-tumoral,[48,49] e anticancerígena[50,51] . Além disso, é ativo contra uma variedade de estirpes mutantes do VIH-1[52,53] e os derivados da naftoxazina apresentaram potencial terapêutico para o tratamento da doença de Parkinson.[54]

Por conseguinte, existe margem suficiente para explorar novos compostos que incorporem o grupo tiazolil substituído, o que levaria ao desenvolvimento de novos derivados com potencial atividade anti-HIV. Assim, a combinação de 1,3-oxazina e tiazol será muito promissora e poderá ter uma melhor atividade biológica do que as moléculas que contêm apenas um dos esquemas. A sua crescente importância no campo farmacêutico e biológico, através desta revisão, planeamos recolher a síntese de derivados de oxazina para as suas actividades biológicas.

3.3 Trabalho atual e discussão

As actividades biológicas de qualquer molécula são o resultado da sua estrutura, que consiste no tipo de anéis heterocíclicos, grupos funcionais e respetivo padrão de substituição, etc. Para atingir este objetivo, concebemos as moléculas-alvo com base na relação estrutura-atividade, que deverá conduzir definitivamente à síntese de moléculas bioactivas.

A pesquisa bibliográfica guiou-nos na conceção das moléculas. Com base nesta pesquisa, o núcleo da 1,3-oxazina e os seus derivados receberam uma atenção considerável devido às interessantes propriedades farmacêuticas associadas a esta estrutura heterocíclica: atividade antibacteriana, antifúngica, antimalárica, antituberculosa, anticonvulsiva, anti-inflamatória, analgésica, anticancerígena, antitumoral e, sobretudo, anti-HIV. Além disso, os derivados da naftoxazina têm mostrado potencial terapêutico para o tratamento da doença de Parkinson e também exibem atividade psicoestimulante e antidepressiva. O grupo tiazolil tem grande importância, uma vez que aparece frequentemente na estrutura de vários produtos naturais e os seus derivados são um dos suportes mais úteis na conceção e descoberta de fármacos. As moléculas com o grupo tiazolil têm apresentado uma vasta gama de actividades físico-químicas e biológicas, incluindo actividades antimicrobianas, anti-inflamatórias, antioxidantes, anticancerígenas, antituberculosas, antidiabéticas e anti-HIV. Por conseguinte, existe margem suficiente para explorar novas moléculas-alvo que incorporem o grupo tiazolil substituído, o que conduziria ao desenvolvimento de novos fármacos anti-VIH. A fim de proporcionar um efeito mais sinérgico à molécula alvo, incorporámos ambos os farmacóforos biologicamente activos. Tal previsão, motivou-nos a sintetizar as moléculas alvo através dos seguintes passos convenientes.

Em primeiro lugar, as -2-bromo acetofenonas 4'-substituídas foram sintetizadas pela reação de bromação utilizando bromo em ácido acético à temperatura ambiente em meia hora.[77] Em segundo lugar, as 4'-substituídas-2-bromo acetofenonas foram ciclizadas em 2-amino tiazóis utilizando tioureia em etanol sob condições de refluxo.[55] Na terceira etapa, a conversão do 2-naftol em 2-tiazolil-2,3-*di-hidro-1H-nafto*[1,2-e][1,3] oxazina fundida angularmente foi efectuada quando a fonte de azoto, o 2-amino-tiazol, foi tratada com o composto aromático rico em electrões, o 2-naftol, na presença de excesso de formalina, sob refluxo, utilizando metanol como solvente. A novidade do trabalho reside na utilização de aminas heterocíclicas como fonte de azoto para a reação de Mannich aromática multicomponente.[56] Embora a reação seja multicomponente, decorreu sem problemas, facilitando o isolamento da série de moléculas alvo.

Esquema e tabela: Síntese do 2-tiazolil -2,*3-di-hidro-1H-nafto*[1,2-e][1,3] oxazina

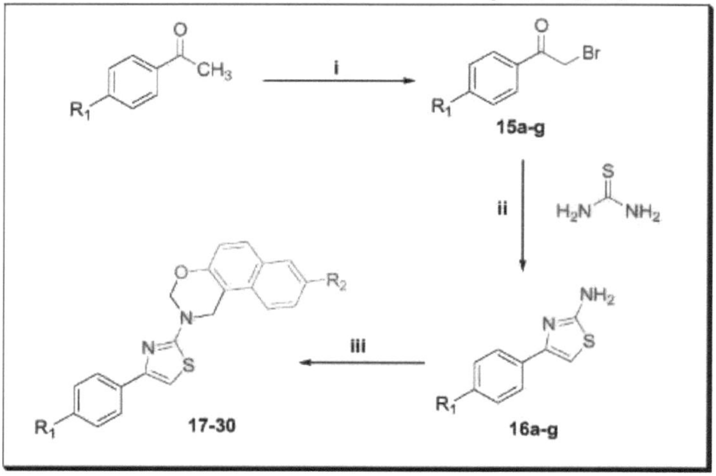

Esquema 2. Reagentes e condições: (i) Br2 / ácido acético glacial, agitação à temperatura ambiente, 30 min; (ii)
Tioureia, etanol, refluxo 6-12 h; iii) HCHO (em excesso), metanol, 80-90 °C, 8-12 h

Os mecanismos para a síntese de 2-aminotiazóis 4'-substituídos são apresentados na **Fig. 3.32**.

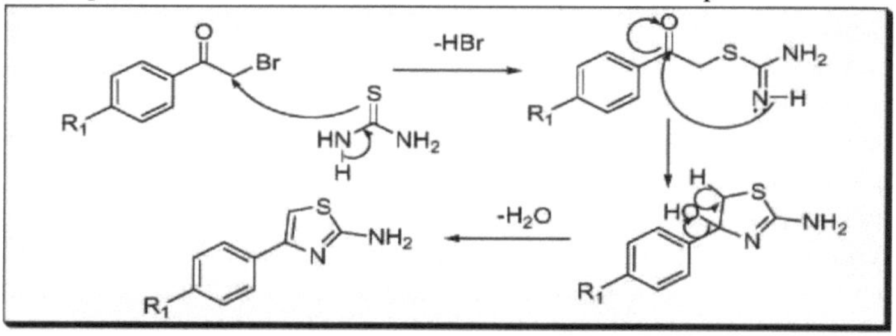

Fig. 3.32

O mecanismo plausível para a síntese de 2-tiazolil-2,3-di-hidro-1H-nafto[1,2- e][1,3] oxazina a partir de 2-aminotiazóis 4'-substituídos é apresentado na **Fig. 3.33.**

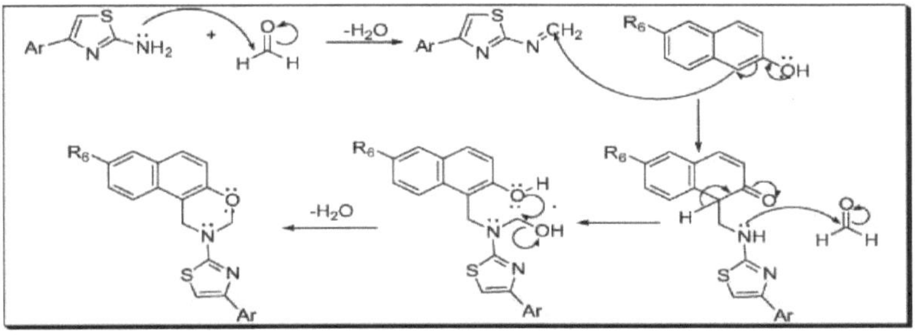

Fig. 3.33

Quadro 2 Derivados de 2-Tiazolil-2,*3-dihidro-1H-nafto*[1,2-e][1,3]oxazina com vários substituintes e respectivos dados físicos

N.º Sr.	Composto	Substituintes		MP C⁰	% de rendimento
		R1	R2		
1	17	OCH3	H	179	78
2	18	OCH3	OCH3	197	69
3	19	CH3	H	200	80
4	20	CH3	OCH3	218	75
5	21	NO2	H	267	75
6	22	NO2	OCH3	276	76
7	23	F	H	234	75
8	24	F	OCH3	240	71
9	25	Cl	H	232	79
10	26	Cl	OCH3	243	73
11	27	Br	H	222	82
12	28	Br	OCH3	238	79
13	29	CF3	H	214	77
14	30	CF3	OCH3	217	73

Os compostos sintetizados foram caracterizados e as estruturas foram atribuídas com base no IR,[1] H NMR,[13] C NMR e espetroscopia de massa.

Os derivados de 2-tiazolil-2,*3-dihidro-1H-nafto1*,2-e][1,3]oxazina sintetizados foram testados quanto à citotoxicidade e à sua ação inibidora do ciclo de vida do VIH-1, tanto em sistema baseado como livre de células.

3.4 Discussão dos espectros (geral)

Os espectros de IV dos compostos foram registados num espetrómetro Nicolet iS 10, Thermo Scientific FT-IR Spectrometer, EUA;[1] H NMR,[13] C NMR foram registados num espetrómetro Bruker Avance[III] 400 Hz,FT-NMR, Suíça em CDCl3 utilizando TMS como padrão interno. Os dados do espetro de massa foram registados num espetrómetro de massa Thermo scientific Q-Exactive, a especificação da coluna é Hypersil gold C18 coluna 150x 4,6 mm de diâmetro 8 urn tamanho de partícula a fase móvel utilizada é 90% metanol + 10% água + 0,1% ácido fórmico.

Espectros de IV

O espetro de infravermelhos dos derivados de 2-tiazolil-2,*3-di-hidro-1H-nafto*[1,2-e][1,3]

oxazina substituídos mostrou que a banda de absorção observada a ~ 2920 cm^{-1} e ~ 3050 cm^{-1} se deve ao estiramento simétrico e assimétrico de -CH2-, respetivamente, e também a 1460-1500 cm^{-1} devido à flexão de -CH2-. A banda de absorção a ~ 1550-1590 cm^{-1} e ~ 1600-1615cm^{-1} deve-se ao estiramento >C=C< e >C=N-, respetivamente. O estiramento C-N-C dá origem a uma banda de absorção a ~ 1330 cm^{-1} e a banda de absorção caraterística a ~ 1260 cm^{-1} , ~ 1050 cm^{-1} devido à presença de estiramento de éter CO-C, o que leva à confirmação do anel de oxazina. A banda de absorção a ~690 cm^{-1} deve-se ao estiramento C-S.

^{1}Espectros de RMN de H

^{1}Os espectros de RMN de H (obtidos a 400 MHz em CDCl3) dos compostos titulados revelam que os dois metilenos -CH2- do anel de oxazina apresentaram um singleto a 5 ~ 5,02-5,17 ppm e ~ 5,43-5,57 ppm, enquanto que um protão aromático do tiazolilo apresentou um singleto a 5 ~ 4,25-4,39 ppm devido ao efeito de blindagem anisotrópica do anel de oxazina enrugado. Os protões aromáticos ressoaram a 5 ~ 6,91-8,81 ppm.

^{13}Espectros de RMN de C

^{13}A RMN de C com DEPT 90 mostrou dois picos característicos para (-CH2-) a 5 ~ 46 ppm e ~ 76 ppm. O sinal caraterístico do carbono hibridizado sp^2 do carbono tiazolílico apareceu a 5 ~100-115 ppm, enquanto todos os carbonos aromáticos ressoaram a 5 ~ 105-170 ppm

Espectros de massa

O espetro de massa dos correspondentes derivados substituídos de 2-tiazolil-2,3-dihidro-1H-nafto[1,2-e][1,3] oxazina confirma a sua fórmula molecular e peso molecular.

3.5 Secção experimental

Procedimento geral para a síntese de brometos de fenacilo 4'-substituídos (15a-g)

À suspensão gelada de acetofenona 4'-substituída (10 mmol) em ácido acético glacial, adicionou-se bromo (10 mmol), gota a gota. Após a adição, a mistura reacional foi agitada à temperatura ambiente durante meia hora utilizando um agitador magnético. A conclusão da reação foi monitorizada por TLC. Em seguida, a massa reacional foi vertida lentamente em água gelada, com agitação constante. O precipitado obtido foi filtrado, lavado e seco. O produto em bruto foi recristalizado a partir de etanol para obter brometos de fenacilo 4'-substituídos 15a-g.

Procedimento geral para a síntese de 2-aminotiazóis 4'- substituídos (16a-g)

Uma mistura de brometo de fenacilo 4'-substituído (3 mmol) e tioureia (3,6 mmol) foi refluxada em etanol durante 6-12 h. A conclusão da reação foi monitorizada por TLC. Em seguida, a mistura reacional foi arrefecida e vertida lentamente em água gelada, com agitação constante. O precipitado obtido foi filtrado, lavado e seco. O produto em bruto foi recristalizado a partir de etanol para obter 2-aminotiazóis 4'-substituídos (16a-g).

Procedimento geral para a síntese de -2,3-di-hidro-1H-nafto [1,2-e] [1,3]oxazinas substituídas com 2-tiazolilo (17-30)

Uma mistura de 2-naftol (1 mmol), 2-aminotiazóis 3a-g substituídos por 4'- (1 mmol) e formalina (37% W/V, 2 mmol) foi refluxada em metanol a 80-90 °C durante cerca de 2 horas. A quantidade adicional de formalina (2 mmol) foi adicionada à mistura reacional e a reação continuou durante 6-9 h. O progresso da reação foi monitorizado por TLC. A mistura reacional foi diluída com água (10 ml) e o produto foi extraído com acetato de etilo (20 ml x 3 vezes). As camadas orgânicas foram combinadas e lavadas com solução de NaOH a 10% (15 ml x 3 vezes), seguida de água (15 ml x 3 vezes). A camada orgânica foi seca sobre sulfato de sódio anidro e evaporada sob pressão reduzida para obter o composto em bruto. O produto **17-30** foi purificado por cromatografia em coluna utilizando como eluente acetato de etilo-hexano.

Dados espectrais de 2-tiazolil substituídos por *2,3-di-hidro-1H-nafto*[1,2-e][1,3]oxazinas

Composto 17

Rendimento: 78 %; **MF**: C22H18O2N2S; Mol.Wt: 374,46; **Cor**: Sólido branco azulado; **MP**: 178 °C. **IR (cm^{-1})**: 2927.10, 1609.31, 1460.26, 1336.73, 1245.12, 1030.90, 817.13, 671.30;[1] **H NMR** (400 MHz, CDCla) δ: 3.84 (3H, s), 4.28 (1H, s), 5.16 (2H, s), 5.56 (2H, s), 6.89-6.93 (2H, m), 7.12 (1H, d, J = 8.8 Hz), 7.41-7.45 (1H, m), 7.51-7.57 (3H, m), 7.69-7.75 (2H, dd, $J1$ = 8.8 Hz & $J2$ = 16 Hz), 7.82 (1H, d, J = 8 Hz);[13] **C NMR** (100 MHz, CDCla) δ: 46.58, 55.30, 76.72, 112.01, 113.83, 118.78, 121.17, 121.54, 124.13, 126.97, 127.50, 128.62, 128.66, 129.22, 129.90, 131.05, 147.50, 151.73, 159.23, 166.17.

Composto 18

Rendimento: 69 %; **MF**: C23H20O3N2S; Mol.Wt: 404,48; **Cor**: Azul esverdeado; **MP**: 196 °C. **IR (cm^{-1})**: 2928.36, 1602.96, 1460.89, 1329.72, 1244.83, 1060.65, 803.08, 666.08; **H NMR**(400 MHz, CDCl3) δ: 3.83 (3H, s), 3.93 (3H, s),4.28 (1H, s), 5.13 (2H, s), 5.53 (2H, s), 6.89-6.92 (2H, m),7.09 (1H, d, J = 8.8 Hz), 7.15 (1H, d, J = 2.4 Hz), 7.21- 7.24 (1H, dd, $J1$ = 8 Hz & $J2$ = 2.8 Hz), 7.51-7.54 (2H, m),7.59 (1H, d, J = 9.2 Hz), 7.66 (1H, dd, J = 9.2 Hz);[13] **C RMN** (100 MHz, CDCl3) δ: 25.31, 46.64, 76.34, 111.88, 115.25, 115.47, 118.75, 121.11, 122.11, 124.20, 127.03, 128.71, 129.22, 130.32, 130.41, 130.79, 130.82, 130.99, 146.87, 151.68, 161.15, 166.42.

Composto 19

Rendimento: 80 %, **MF**: C22H18ON2S; **peso molecular** 358,46; **Cor**: Sólido branco azulado; **MP**: 199 °C. **IR (cm^{-1})**: 2920.41, 1600.22, 1466.99, 1331.30, 1258.31, 1042.00, 826.83, 686.39;[1] **H NMR** (400 MHz, CDCl3) δ: 2.38 (3H, s), 4.31 (1H, s), 5.15 (2H, s), 5.55 (2H, s), 7.12 (1H, d, J = 8.8 Hz), 7.19 (2H, d, J = 8 Hz), 7.41-7,45 (1H, t, J = 7,2 Hz), 7,49 (2H, d, J = 8 Hz), 7,50-7,57 (1H, t, J = 7,2 Hz), 7,69-7,75 (2H, dd, $J1$ = 8,4 Hz, $J2$ = 15,6 Hz), 7,82 (1H, d, J = 8 Hz); **HRMS** (ESI): m/z [M+H] calcd. Para C22H18ON2S:359.1213; encontrado: 359.1221

Composto 20

Rendimento: 75 %; **MF**: C23H20O2N2S; Mol.Wt: 388,48; **Cor**: Sólido branco azulado; **MP**: 217 °C. **IR (cm^{-1})**: 2921.31, 1602.38, 1465.43, 1332.23, 1269.16, 1047.34, 816.80, 682.36;[1] **H NMR** (400 MHz, CDCl3) δ: 2.38 (3H, s), 3.93(3H, s), 4.30 (1H, s), 5.12 (2H, s), 5.52 (2H, s), 7.08-7.24 (5H, m), 7.49 (2H, d, J = 8Hz), 7.58-7.66 (2H, dd, $J1$ = 8.8 Hz, $J2$ = 20,8 Hz);[13] **C NMR** (100 MHz, CDCl3) δ: 21,26, 46,57, 76,71, 112,00, 118,77, 121,17, 122,22, 124,11, 126,96, 128,54, 128,61, 128,65, 129,08, 129,22, 131,04, 131,99, 137,55, 147,81, 151,73, 166,23; **HRMS** (ESI): m/z [M+H] calcd. Para C23H20O2N2S:389.1318; encontrado: 389.1315.

Composto 21

Rendimento: 75 %; **MF**: C21H15O3N3S; Mol.Wt: 389,43; **Cor**: Sólido amarelo; **MP**: 265 °C. **IR (cm^{-1})**: 2918.89, 2849.61, 1596.50, 1466.28, 1341.32, 1245.93, 1043.69, 845.05, 684.02, 1514.59, 1341.32;1H **NMR** (400 MHz, CDCl3 δ: 4.38 (1H, s), 5.17 (2H, s), 5.57 (2H, s), 7.13(1H, d, J = 8.8 Hz), 7.44-7.47 (1H, t, J = 7.2 Hz), 7.56-7.59 (1H, t, J = 7.2 Hz), 7.72-7.79 (4H, m), 7.84 (1H, d, J = 8.4 Hz), 8.24 (2H, d, J = 8.8 Hz).

Composto 22

Rendimento: 76 %; **MF**: C22H17O4N3S; Mol.Wt: 419,45; **Cor**: Sólido amarelo; **MP**: 275 °C. **IR (cm^{-1})**: 2980.45, 1600.75, 1509.07, 1341.14, 1239.87,1061.02, 854.69, 695.13, 1600.75, 1373.87;1H **NMR**(400 MHz, CDCl3) δ: 3.82 (3H, s), 4.38 (1H, s), 5.02 (2H, s), 5.43 (2H, s), 6.96 (1H, d, J = 8.8 Hz), 7.07-7.12 (2H, m), 7.50-7.56 (2H, dd, $J1$ = 8.8 Hz, $J2$ = 16.8 Hz), 7.68 (2H, dd, J = 7.6 Hz), 8.11(2H, d, J = 7.2 Hz).

Composto 23

Rendimento: 75 %; **MF**: C21H15ON2SF; **Mol.Wt**: 362,42; **Cor**: Sólido branco; **MP**: 232 °C.

IR (cm^{-1}): 3062.98, 1599.52, 1215.39, 1469.69, 1328.63, 1259.36, 1040.39, 842.50, 685.12; 1H **NMR** (400 MHz, CDCl3) s: 4.25 (1H, s), 5.15 (2H, s), 5.55 (2H, s), 7.03-7.12 (3H, m), 7.427.45 (1H, m), 7.52-7.57 (3H, m), 7.69-7.72 (2H, dd, J_1 = 8.8 Hz & J_2 = 12 Hz), 7.83 1H, d, J =

8.8 Hz); **RMN** 13C (100 MHz, CDCl3) δ: 46.64, 76.66, 111.88, 115.25, 115.47, 118.75, 121.11, 122.11, 124.20, 127.03, 128.71, 129.22, 130.32, 130.41, 130.79, 130.82, 130.99, 146.87, 151.68, 161.15, 166.42; **HRMS** (ESI): m/z [M] calcd. Para C21H15ON2SF:362.9589; encontrado: 362.9263.

Composto 24

Rendimento: 71 %; **MF**: C22H17O2N2SF; **Mol.Wt**: 392,45; **Cor**: Sólido branco; **MP**: 242 °C.

IR (cm^{-1}): 3017.43, 2918.89, 1603.10, 1213.70, 1470.62, 1330.56, 1269.26, 1046.71, 840.23, 682.83;1H **NMR** (400 MHz, CDCl3) s: 3,84 (3H, s), 4,15 (1H, s,), 5,03 (2H, s), 5,43 (2H, s), 6,95-7,01(3H, m), 7,07-7,15 (3H, m), 7,44-7.58 (4H, m);^{13} **C NMR** (100 MHz, CDCl3) δ: 46.51, 55.33, 76.70, 107.29, 112.36,115.16, 115.38, 118.99, 119.27, 122.19, 122.93, 125.93, 127.67, 130.36, 130.43, 146.60, 150.23, 156.39, 160.96, 166.33; **HRMS** (ESI): m/z [M+H] calcd. Para C22H17O2N2SF: 393.1068; encontrado: 393.1063.

Composto 25

Rendimento: 79 %; **MF**: C21H15ON2SCl; **Mol.Wt**: 378,87; **Cor**: Sólido branco; **MP**: 231 °C.

IR (cm^{-1}): 2952.17, 1610.31, 1420.59, 1347.73, 1258.45,1049.24, 839.83, 711.05, 687.48; **1HNMR**(400 MHz, CDCl3) s: 4.25 (1H, s), 5.16 (2H, s), 5.55 (2H, s), 7.04-7.13 (3H, m), 7.427.45 (1H, m), 7.52-7.58 (3H, m), 7.69-7.75 (2H, dd, J_1 = 8.8 Hz & J_2 = 12 Hz), 7.84 1H, d, J = 8.8 Hz).

Composto 26

Rendimento: 73 %; **MF**: C22H17O2N2SCl; **Mol.Wt**: 408,90; **Cor**: Sólido branco; **MP**: 242 °C.

IR (cm^{-1}): 2970.27, 1600.62, 1480.13, 1332.44, 1263.20, 1053.89, 847.18, 705.16, 690.01; 1H **NMR**(400 MHz, CDCl3)) s: 3,95 (3H, s), 4,24 (1H, s), 4,87 (2H, s), 5,56 (2H, s), 7,28-7,35 (3H, m), 7,41-7,48 (3H, m), 8,06-8,25 (4H, m); **HRMS** (ESI): m/z [M+H] calcd. Para C22H17O2N2SCl: 409.0772, encontrado: 409.0778.

Composto 27

Rendimento: 82 %; **MF**: C21H15ON2SBr; **Mol.Wt**: 423,33; **Cor**: Sólido branco-rosado; **MP**: 221 °C.

IR (cm^{-1}): 2930.87, 1602.59, 1447.26, 1326.29, 1244.87, 1047.99, 829.07, 658.42, 551.27; 1H **NMR** (400 MHz, CDCl3) s: 4.26 (1H, s), 5.15 (2H, s), 5.55 (2H, s), 7.12 (1H, d, J = 9,2 Hz), 7,42 -7,46 (3H, m), 7,49 (2H, d, J = 6,4 Hz), 7,54-7,58 (1H, m), 7,70-7,74 (2H, t, J = 9,2 Hz), 7,82 (1H, d, J = 8 Hz). **HRMS** (ESI): m/z [M+H] calcd. Para C21H15ON2SBr: 425.0141; encontrado: 425.0150.

Composto 28

Rendimento: 79 %; **MF**: C22H17O2N2SBr; **Mol.Wt**: 453,35; **Cor**: Sólido branco-rosado; **MP**: 237°C.

IR (cm^{-1}): 2929.74, 1602.60, 1440.96, 1329.53, 1269.34, 1049.48, 834.06, 667.82, 552.11; 1H **NMR**(400 MHz, CDCl3) δ: 3.94 (3H, s), 4.26 (1H, s), 5.12 (2H, s), 5.52 (2H, s), 7.09 (1H, d, J = 9.2 Hz), 7.15 (1H, d, J = 2.8 Hz), 7.22-7.25 (1H, dd, J_1 = 2.8 Hz, J_2 = 8.8 Hz), 7.44 (2H, d, J = 6.8 Hz), 7.50 (2H, d, J = 6.8 Hz), 7.59-7.66 (2H, m); **HRMS** (ESI): m/z [M] calcd. Para C22H17O2N2SBr: 452.9341; encontrado: 452.9357.

Composto 29

Rendimento: 77 %; **MF**: C22H15ON2SF3; Mol.**Wt**: 412,43; **Cor:** Sólido branco; **MP:** 212 °C.

IR (cm^{-1}): 3065.29, 1615.98, 1216.03, 1480.81, 1326.08, 1260.34, 1039.81, 850.84, 682.68; 1H **NMR**(400 MHz, CDCl3) δ: 4.32 (1H, s), 5.17 (2H, s), 5.56 (2H, s), 7.12 (1H, d, J = 8.8 Hz), 7.42-7.46 (1H, m), 7.54-7.58 (1H, m), 7.61 (2H, d, J = 8 Hz), 7.67 (2H, d, J = 8.0 Hz), 7.72 (2H, t, J = 8.8 Hz), 7.83 (1H, d, J = 8.0 Hz);[13] C **NMR** (100 MHz, CDCl3) δ: 46.70, 76.60, 77.19, 111.17, 118.73, 121.07, 123.44, 124.26, 125.37, 125.41, 127.08, 128.73, 128.79, 128.86, 129.24, 130.95,138.05, 146.57, 151.64, 166.69; **HRMS** (ESI): m/z [M] calcd. ForC22H15ON2SF3: 411.9089; found: 411.9095.

Composto 30

Rendimento: 73 %; **MF**: C23H17O2N2SF3; Mol.**Wt**: 442,45; **Cor:** Sólido branco; **MP:** 216 °C.

IR (cm^{-1}): 2939.75, 1606.32, 1214.99, 1459.04, 1326.41, 1269.17, 1065.10, 842.64, 685.05; 1H **NMR** (400 MHz, CDCl3) δ: 3.93 (3H, s), 4.31(1H, s), 5.13 (2H, s), 5.53 (2H, s), 7.09 (1H, d, J = 8.8 Hz), 7.15 (1H, d, J = 2.8 Hz), 7.22-7.25 (1H, dd, $J1$ = 2.8 Hz & $J2$ = 8.8 Hz), 7.607.68 (6H, m);[13] **C NMR** (100 MHz, CDCl3) δ: 25.72, 46.67, 55.37, 76.60, 77.23, 107.25, 112.11, 119.11, 119.30, 122.55, 123.37, 125.37, 125.41, 126.03, 127.53, 128.85, 130.37, 146.54, 150.07, 156.46, 166.71; **HRMS** (ESI): m/z [M+H] calcd. Para C23H17O2N2SF3: 443.1036; encontrado: 443.1034.

¹H NMR of compound 17

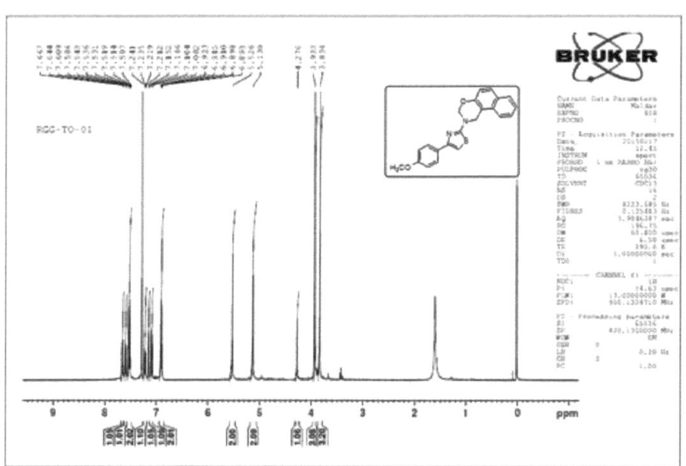

¹³C NMR of compound 17

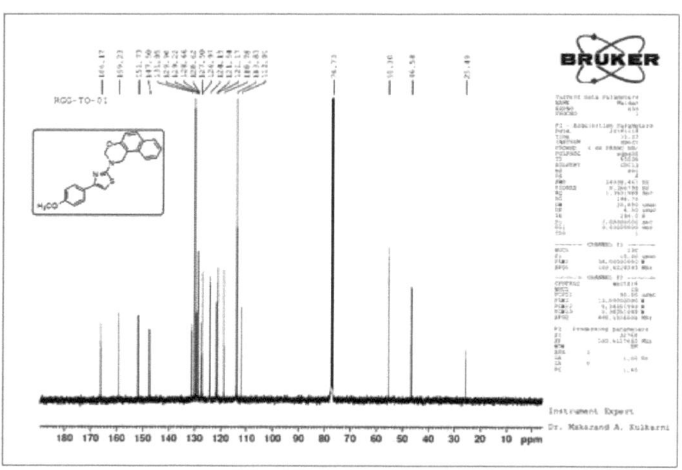

DEPT spectrum of compound 17

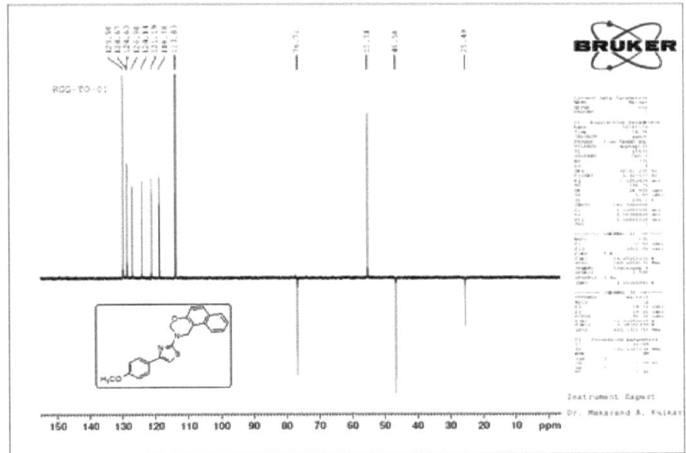

IR spectrum of compound 18

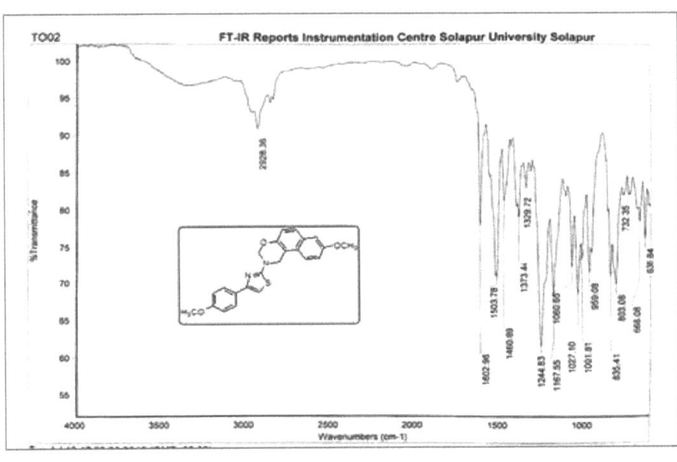

^{1}H NMR of compound 18

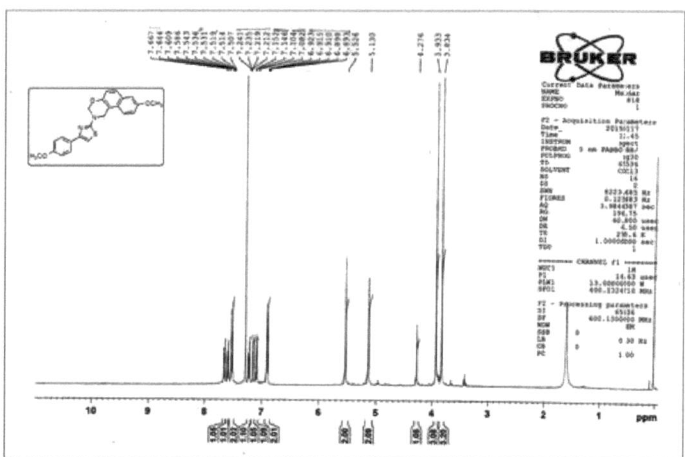

^{13}C NMR of compound 18

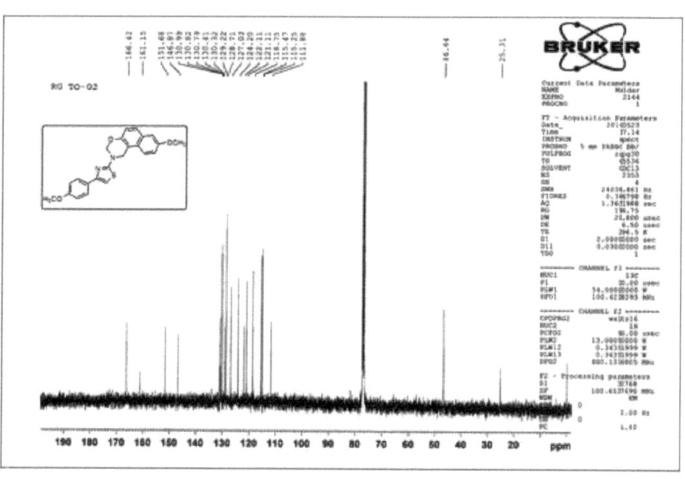

IR spectrum of compound 19

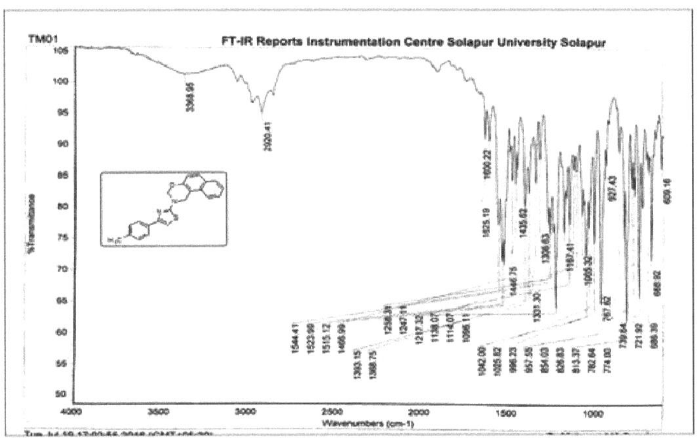

¹H NMR of compound 19

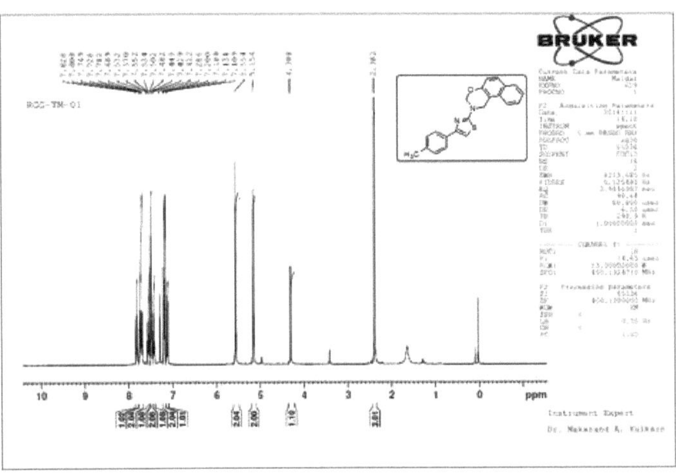

IR spectrum of compound 20

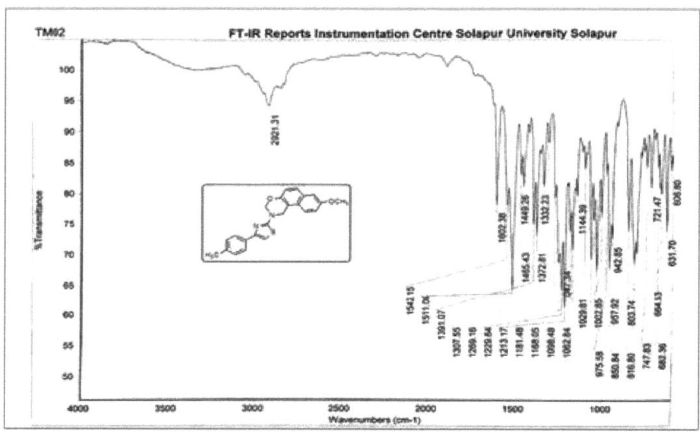

^{1}H NMR of compound 20

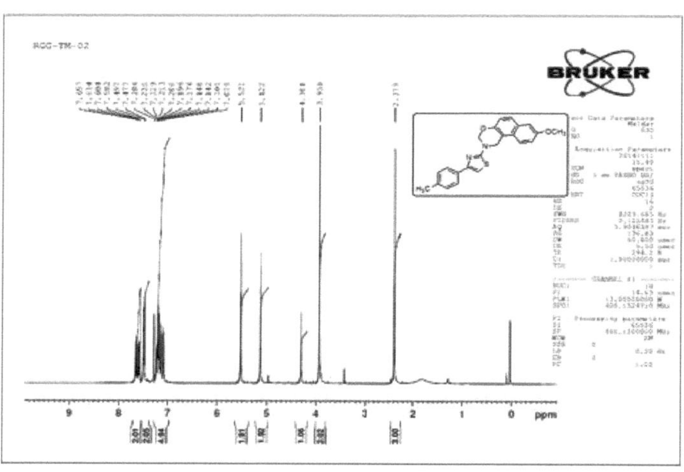

^{13}C NMR of compound 20

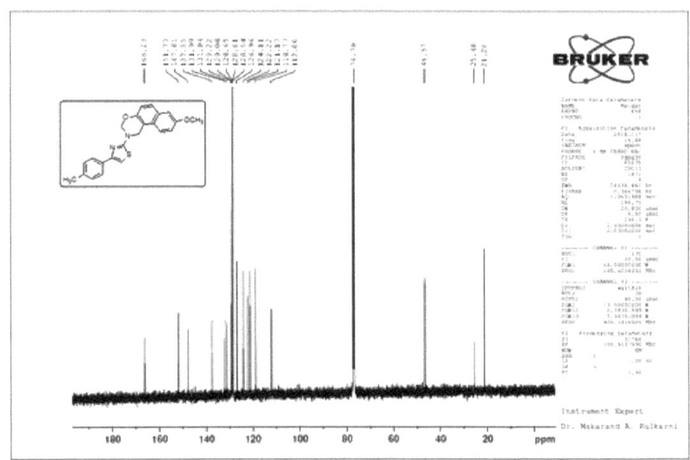

DEPT spectrum of compound 20

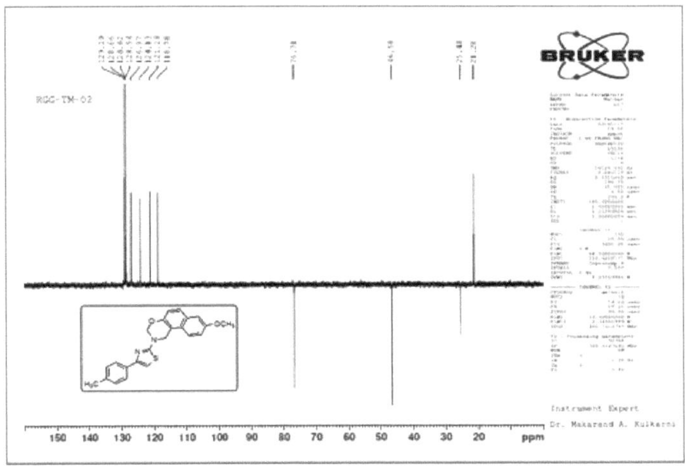

IR spectrum of compound 21

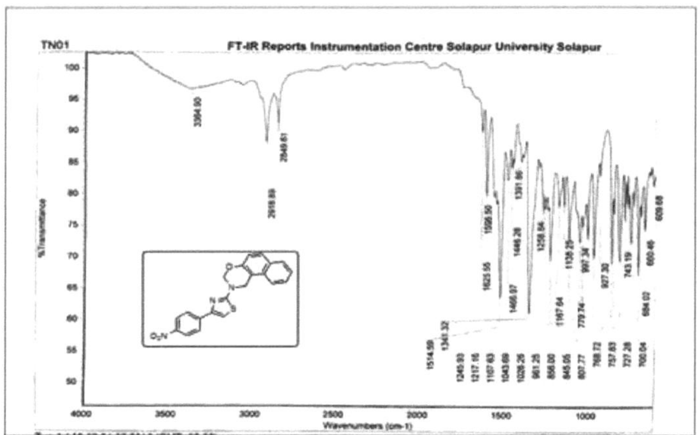

¹H NMR of compound 21

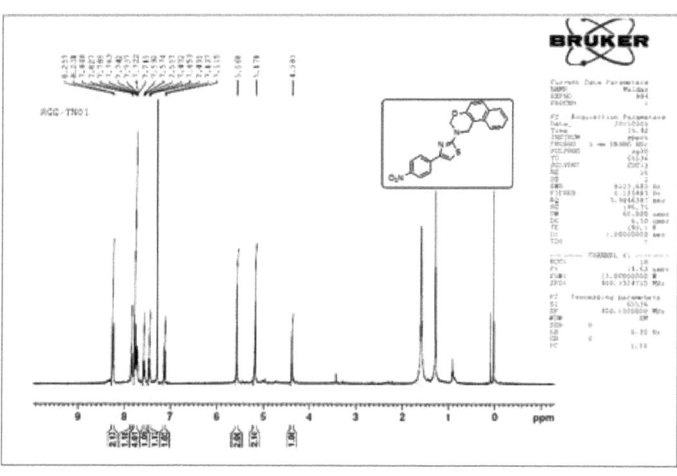

IR spectrum of compound 23

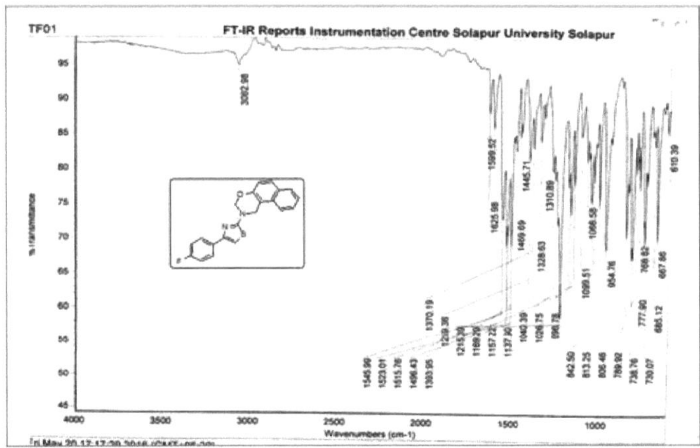

¹H NMR of compound 23

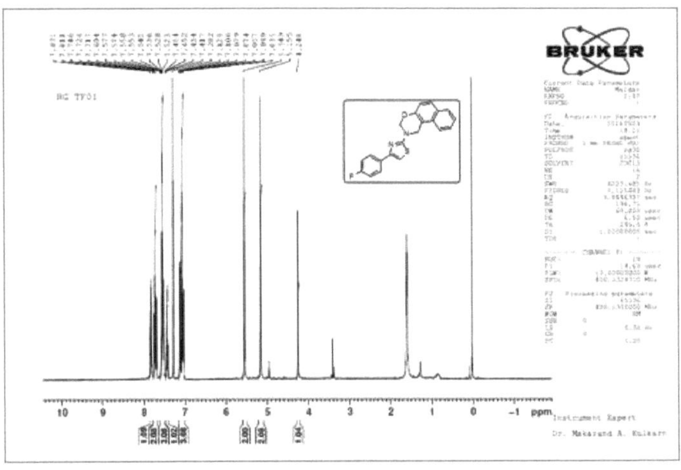

69

¹³C NMR of compound 23

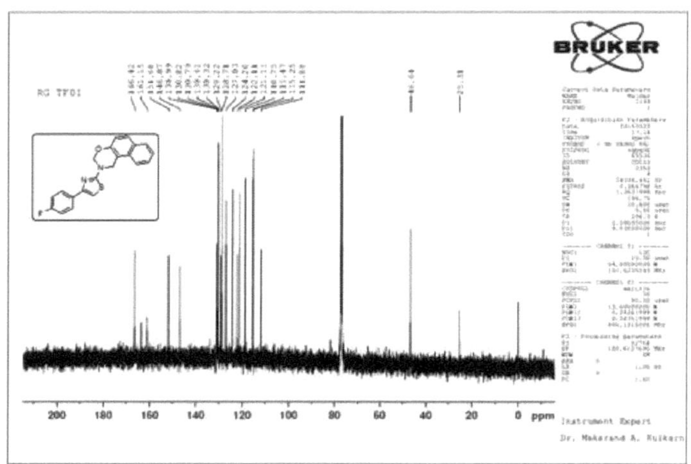

DEPT spectrum of compound 23

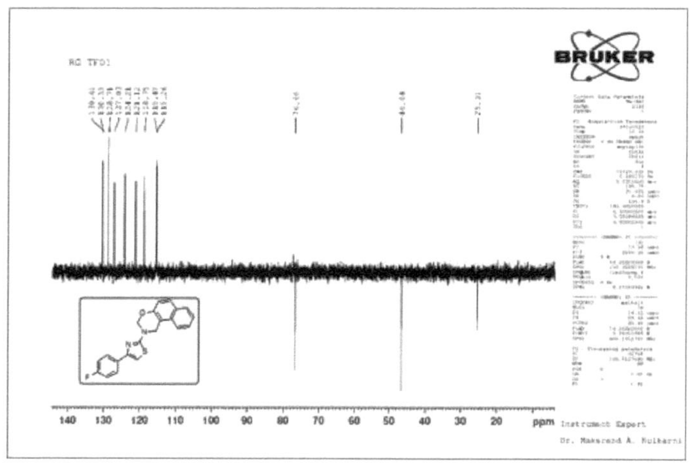

Mass spectrum of compound 23

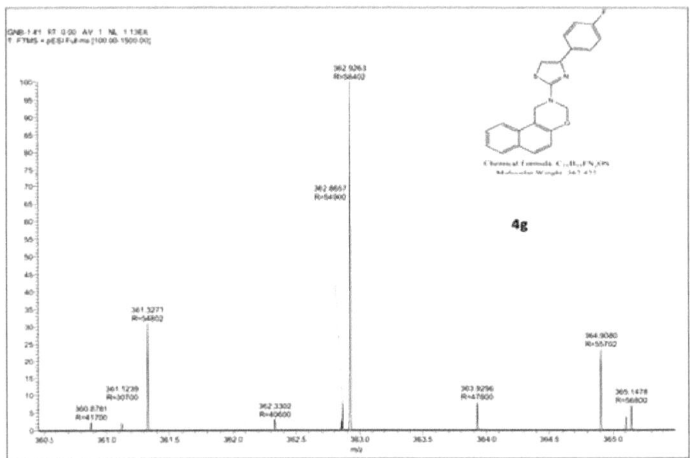

IR spectrum of compound 24

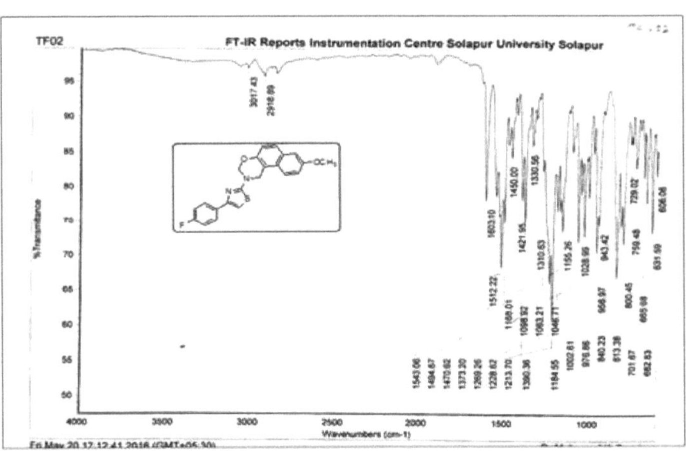

¹H NMR of compound 24

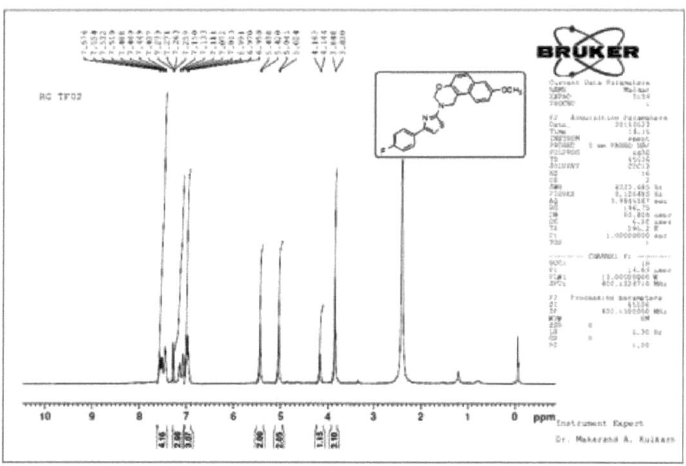

Mass spectrum of compound 24

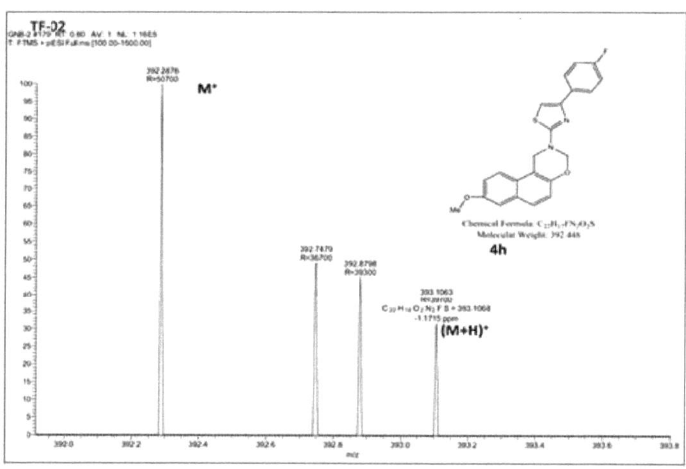

IR spectrum of compound 29

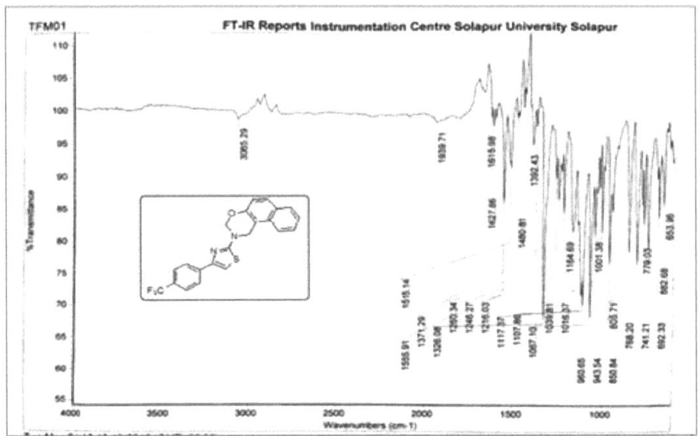

¹H NMR of compound 29

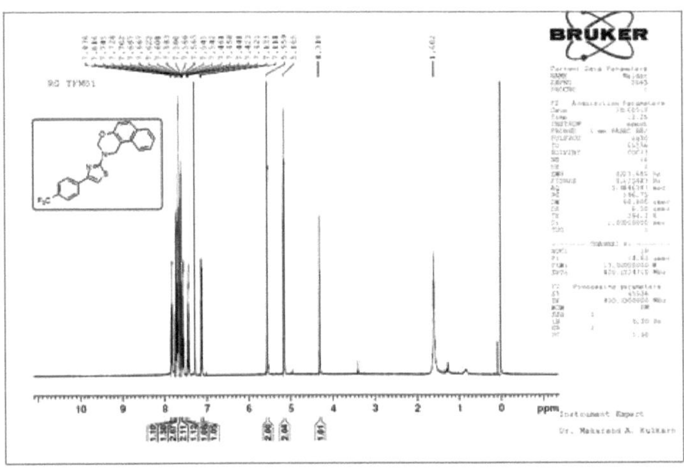

^{13}C NMR of compound 29

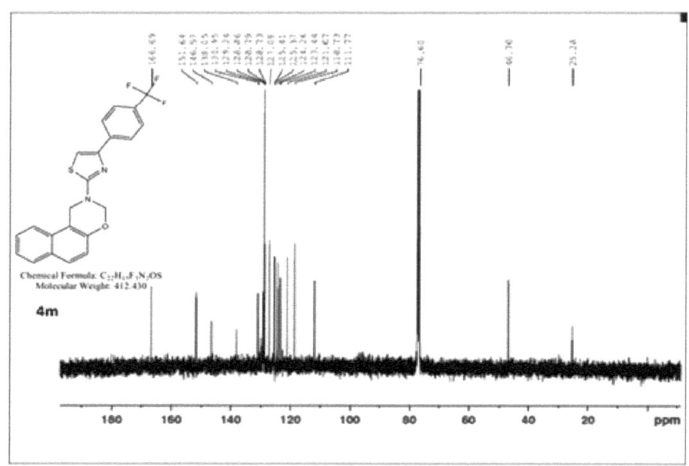

Mass spectrum of compound 29

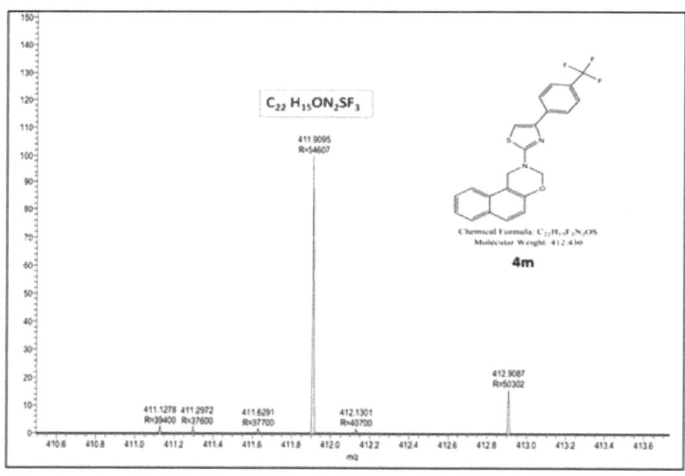

IR spectrum of compound 30

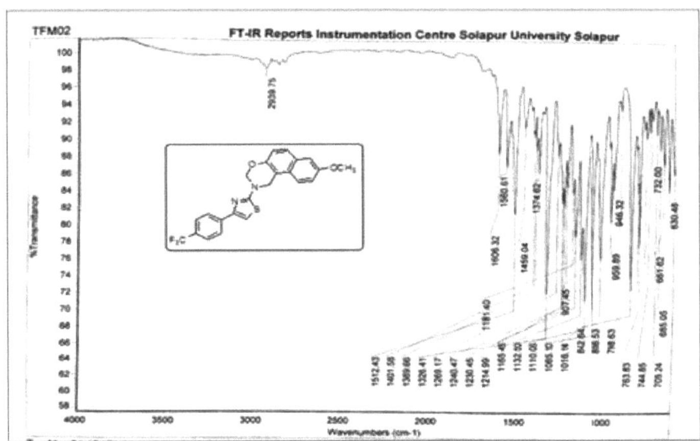

¹H NMR of compound 30

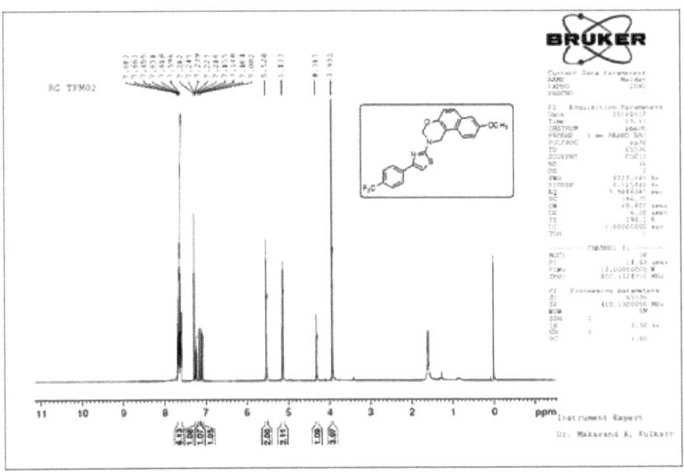

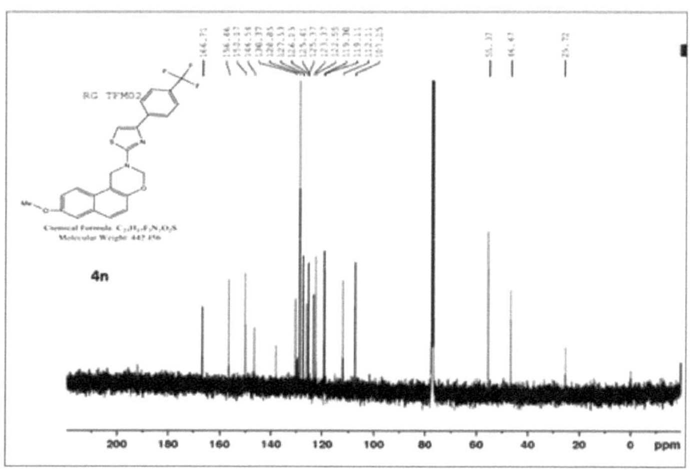

Mass spectrum of compound 30

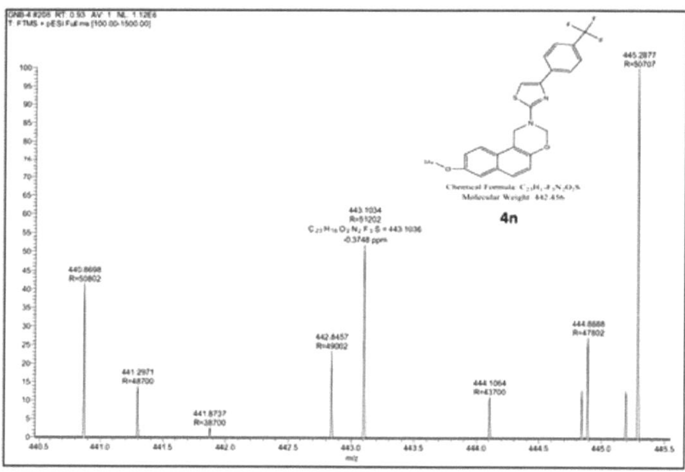

Referências

1. Kashyap, S. J.; Garg, V. K.; Sharma, P. K.; Kumar, N.; Dudhe, R.; Gupta, J. K. *Med. Chem. Res.,* **2011**, 21, 2123-2132.

2. Rogers, M. J.; Cundliffe, E.; Mccutchan,T. F. *Antimicrob. Agents chemotherapy.* **1966**, 42, 715-716.

3. Tomi, I. H. R.; Tomma, J. H.; Al-Daraji, A. H. R.; Al-Dujaili, A. H. *J. Saudi Chem. Soc.,* **2015**, *19*, 392-398.

4. Tiperciuc, B.; Parvu, A.; Tamaian, R.; Nastasa, C.; Ioni.il, I.; Oniga, O. *Arch. Pharm. Res.,* **2013**, *36*, 702-714.

5. Carter, J. S.; Kramer, S.; Talley, J. J.; Penning, T.; Collins, P.; Graneto, M. J.; Seibert, K.; Koboldt, C.; Masferrer, J.; Zweifel, B. *Bioorg. Med. Chem. Lett.,* **1999**, 9, 11711174.

6. Hargrave, K. D.; Hess, F. K.; Oliver, J. T. *J. Med. Chem.,* **1983,** 26, 1158-1163.

7. Koca, i.; Gumus, M.; Ozgur, A.; Disli, A.; Tutar, Y. A. *Anticancer Agents Med. Chem.,* **2015**, *15*, 916-930.

8. Telvekar, V. N.; Bairwa, V. K.; Satardekar, K.; Bellubi, A. *Bioorg. Med. Chem. Lett.,* **2012**, *22*, 649-652.

9. Lupascu, F. G.; Dragostin, O. M.; Foia, L.; Lupascu, D.; Profire, L. *Molecules,* **2013**, *18*, 9684-9703.

10. Patt, W. C.; Hamilton H. W.; Taylor, M. D.; Ryan, M. J.; Taylor, D. G.; Connolly, C. J. C.; Doherty, A. M.; Klutchko, S. R.; Sircar, I.; Steinbaugh, B. A.; Batley, B. L; Painchaud, C. A.; Rapundalo, S. T.; Michniewicz, B. M.; Olson, S. C. J. J. *Med. Chem.,* **1992**, 35, 2562-2572.

11. Ergenc, N.; Capan, G.; Gunay, N. S.; Ozkirimli, S.; Gungor, M.; Ozbey, S.; Kendi, E. *Arch. Pharm.,* **1999**, 332, 343-347.

12. Gomha, S.; Badrey, M.; Abdalla, M.; Arafa, R. *Med. Hem. Comm.,* **2014**, *0*, 1-8.

13. Desai, N. C.; Makwana, A. H.; Rajpara, K. M. *J. Saudi Chem. Soc.,* **2016**, 20, 334341.

14. Dawane, B. S.; Konda, S. G.; Mandawad, G. G.; Shaikh, B.M. *Eur. J. Med. Chem.,* **2010**, *45*, 387-392.

15. Mostafa, M. S.; Abd El-Salam, N. M. *Der Pharma Chemica,* **2013**, *5*, 1-7.

16. Bharti, S. K.; Nath, G.; Tilak, R.; Singh, S. K. *Eur. J. Med. Chem.,* **2010**, *45*, 651660.

17. Himaja, M.; Gupta, N.; Munirajashekhar, D.; Karigar, A.; Sikarwar, M. K. *J. Pharm. Cient. Innovat.* **2012**, *14*, 33-36.

18. Gouda, M. A.; Berghot, M. A.; Baz, E. A.; Hamama, W. S. *Med. Chem. Res.,* DOI10.1007/s00044-011-9610-8.

19. Devasagayam, T. P. A.; De, S.; Adhikari, S.; Jain, J. T.; Menon, V. P. *Chem. Biol. Interact,* **2008**, 73, 215-223.

20. Giri, R. S.; Thaker, H. M.; Giordano, T.; Williams, J.; Rogers, D.; Sudersanam, V.; Vasu, K. K. *Eur. J. Med. Chem.,* **2009**, *44*, 2184-2189.

21. Rostom, S. A. F.; El-Ashmawy, I. M.; Abd El Razik, H. A.; Badr, M. H.; Ashour, H. M. A. *Bioorg. Med. Chem.,* **2009**,17, 882-895.

22. Karuvalam, R. P.; Haridas, K. R.; Nayak, S. K.; Guru Row, T. N.; Rajeesh, P.; Rishikesan, R.; Suchetha Kumari, N. *Eur. J. Med. Chem.,* **2012**, 49, 172-182.

23. Aridoss, G.; Amirthaganesan, S.; Kima, M. S.; Kim, J. T.; Jeong, Y. T. *Eur. J. Med. Chem.,* **2009**, 44, 4199-4210.

24. Iino, T.; Hashimoto, N.; Sasaki, K.; Ohyama, S.; Yoshimoto, R.; Hosaka, H.; Hasegawa, T.; Chiba, M.; Nagata, Y.; Nishimura, J. E. T. *Bioorg. Med. Chem.,* **2009**, *17*, 3800-3809.

25. Azam, F.; Alkskas, I. A.; Khokra, S. L.; Prakash, O. *Eur. J. Med. Chem.,* **2009**, *44*, 203-211.

26. Koufaki, M.; Kiziridi, C.; Nikoludaki, F.; Alexis, M. N. *Bioorg. Med. Chem. Lett.,* 2007, 17, 4223-4227.

27. Abdel-Wahab, B. F.; Mohamed, S. F.; Amr, A. E. G. E.; Abdalla, M. M. *Monatsh. Chem.,* **2008**, *139*, 1083-1090.

28. Zitouni, T. G.; Chevallet, P.; Kilig, F. S.; Erol, K. *Eur. J. Med. Chem.,* **2000**, 35, 635641.

29. Shiradkar, M. R.; Akula, K. C.; Dasari, V.; Baru, V.; Chiningiri, B.; Gandhi, S.; Kaur, R. *Bioorg. Med. Chem.* **2007**, 15, 2601-2610.

30. Gulsory, E.; Guzeldemirci, N. U. *Eur. J. Med. Chem.,* **2007**, 42, 320-326.

31. Popsavin, M.; Spaic, S.; Svircev, A.; Kojic, V.; Bogdanovic, G.; Popsavin, G. *Bioorg. Med. Chem.,* **2006**, 16, 5317-5320.

32. Liu, Z.Y.; Wang, Y. M.; Li, Z. R.; Jiang, J. D.; Boykin, D.W. *Bioorg. Med. Chem.,* **2009**, *19*, 5661-5664.

33. Luzina, E. L.; Popov, A. V. *Eur. J. Med. Chem.,* **2009**, 44, 4944-4953.

34. Bell, F. W.; Cantrell, A. S.; Hoegberg, M.; Jaskunas, S. R.; Johansson, N. G.; Jordon, C. L.; Kinnick, M. D.; Lind, P.; Jr.; Morin, J. M.; Noreen, R.; O'berg, B.; Palkowitz, J. A.; Parrish, C. A.; Pranc, P. Morin, J. M.; Noreen, R.; O'berg, B.; Palkowitz, J. A.; Parrish, C. A.; Pranc, P.; Sahlberg, C.; Ternansky, R. J.; Vasileff, R. T.; Vrang, L.; West, S. J.; Zhang, H.; Zhou, X. X. *J. Med. Chem.,* **1995**, *38*, 4929-4938.

35. Rawal, R. K.; Tripathi, R.; Katti, S. B.; Pannecouque, C.; Clercq, E. D. *Eur. J. Med. Chem.,* **2008**, 43, 2800-2806.

36. Zitouni, T. G.; Ozdemir, A.; Kaplancikli, Z. A. *Phosphorus Sulphur Silicon,* **2011**, 186,233-239.

37. Schwarz, G. *Organic Synthesis,* **1945**, 25, 35, 3, 332. 75

38. Alajarin, M.; Cabera, J.; Pastor, A.; Sanchez, Andrada, P.; Bautista, D. *J. Org. Chem.* **2006**, 71, 14, 5328-5339. 76

39. Mathew, B. P. *Jornal Europeu de Química Medicinal.* **2010**, 45, 4, 1502-1507.

40. Verma, V.; Singh, K.; Kumar, D.; Klapotke, T. M.; Stierstorfer, J.; Narasimhan, B.; Qazi, A. K.; Hamid, A.; Jaglan, S. *Eur. J. of Med. Chem.,* **2012**, 56, 195-202.

41. Shih, M. H.; Ying, K.F. *Bioorg. Med. Chem.,* **2004**, *12*, 4633-4643.

42. Giri, R.S.; Thaker, H.M.; Giordano, T.; Williams, J.; Rogers, D.; Sudersanam, V.; Vasu, K.K. *Eur. J. Med. Chem.,* **2009**, *44*, 2184-2189.

43. Stover, C. K.; Warrener, P.; Van Devanter, D. R.; Sherman, D. R.; Arain, T. M.; Langhorne, M. H.; Anderson, S. W.; Towell, J. A.; Yuan, Y.; McMurray, D. N., Kreiswirth, B. N.; Barry, C. E.; Baker, W. R.; *Nature,* **2000**, 405, 962-966.

44. Karuvalam, R. P.; Haridas, K. R.; Nayak, S. K.; Guru Row, T. N.; Rajeesh, P.; Rishikesan, R.; Suchetha Kumari, N. *Eur. J. Med. Chem.,* **2012**, *49*, 172-182.

45. Iino, T.; Tsukahara, D.; Kamata, K.; Sasaki, K.; Ohyama, S.; Hosaka, H.; Hasegawa, T.; Chiba, M.; Nagata, Y.; Eiki. J.; Nishimura, T. *Bioorg. Med. Chem.,* **2009**, *17*, 27332743.

46. Saleh, I.; Jasim, A. R.; Christopher, B.; Murray, A.; Robertson, N. *Bio-organic & medicinal Chemistry,* **2011**, 19, 3983-3994.

47. Duffin, M.; Rollo, I. M. *Brit. J. Pharmacol,* **1957**, 12, 171-175.

48. Chylinska, J. B.; Urbanski, T. *J. Med. Chem.,* **1963**, 6, 484-487.

49. Bolognese, A.; Correale, G.; Manfra, M.; Lavecchia, A.; Mazzoni, O.; Novellino, E.; Barone, V.; Pani, A.; Tramontano, E.; La Colla, P.; Murgioni, C.; Serra, I.; Setzu, G.; Loddo;

R. *J. Med. Chem.* **2002**, 21; 45, 5205-5216.

50. Morrison, R.; Belz, T.; Saleh, K. I.; Jasim, M. A.; Rawi, A.; Michael J. A. *Med. Chem. Res.*, **2014**, 23, 4680-4691.

51. Yang, X. H.; Xiang, L.; Li, X.; Zhao, T. T.; Zhang, H.; Zhou, W. P.; Wang, X. M.; Gong, H. B.; Zhu, H. L. *Bioorg. Med. Chem.,* **2012**, 1, 20, 2789-2795.

52. Bethune, M. P. *Antiviral Res.* **2010**, 85, 75-90.

53. Li, D.; Zhan, P.; Clercq, E. D.; Liu, X. *J. Med. Chem.* **2012**, 55, 3595-3613.

54. Furniss, B. S.; Hannaford, A. J.; Smith, P. W. G.; Tatchell, A. R. Vogel's Textbook of Practical Organic Chemistry 5th edition, Pearson Publication.

55. Hantzsch, A.; Weber, J. H. *Ber. Dtsch. Chem. Ges.* **1887**, 20, 3118-3132.

56. Burke, W. J.; Kolbezen, M. J.; Stephens, C.W. *J. Am. Chem. Soc.,* **1952,** 74, 3601.

Capítulo 4

Atividade antitubulina de 2-pirimidinil-2, 3-di-hidro-1H-nafto [1, *2-e*][1,3] oxazinas

4.1 Introdução

O cancro é uma das principais causas de morte em todo o mundo. O número de medicamentos utilizados para o tratamento do cancro segue diferentes mecanismos de ação. Durante as últimas décadas, a terapia orientada surgiu como uma abordagem promissora para o desenvolvimento de agentes anticancerígenos selectivos e esta terapia é frequentemente utilizada juntamente com a quimioterapia e outros tratamentos para restringir o crescimento e a propagação das células cancerígenas. [5]A descoberta de medicamentos anticancerígenos e o seu desenvolvimento têm-se centrado na atividade antitumoral através de múltiplas abordagens, como a inibição da função dos microtúbulos, utilizando agentes que visam a tubulina, intercaladores de ADN[1] , inibidores da síntese de ADN[2] , reguladores da transcrição[3] , inibidores de enzimas[4] , etc.

A inibição da função dos microtúbulos utilizando produtos naturais é uma abordagem validada para a terapia anticancerígena[6] porque o sistema de microtúbulos da célula eucariótica é um elemento crítico numa variedade de processos celulares fundamentais, tais como a divisão celular, a formação e manutenção da forma da célula, a regulação da motilidade, a sinalização celular, a secreção, o transporte intracelular de vesículas, mitocôndrias, outros órgãos celulares e a mitose,[7] Multifunção dos microtúbulos no ciclo celular, a tubulina tornou-se um alvo importante na descoberta de medicamentos anticancerígenos.

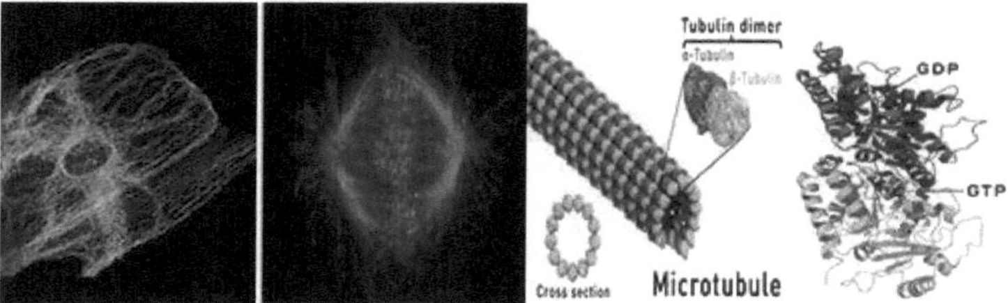

Fig. 4.1 Microtúbulos **Fig. 4.2** Estrutura do microtúbulo

Um dos agentes antimitóticos naturais mais importantes é a Combretastatina A-4 (CA-4), **Fig. 4.4,** isolada da casca do salgueiro sul-africano *Combretum caffrum*[8] **Fig. 4.3** em 1982, um produto natural *cis-estilbeno* que inibe fortemente a polimerização da tubulina ligando-se ao sítio da colchina 7 **Fig. 4.5.**

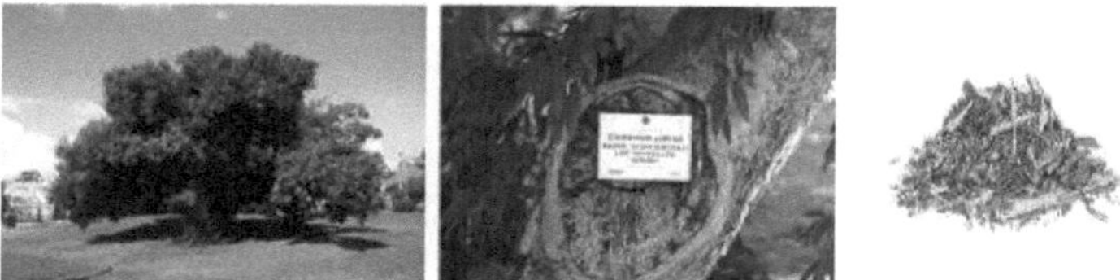

Fig. 4.3 Salgueiro da África do Sul *Combretum caffrum*

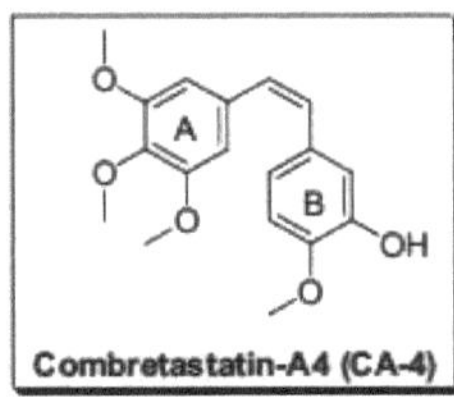

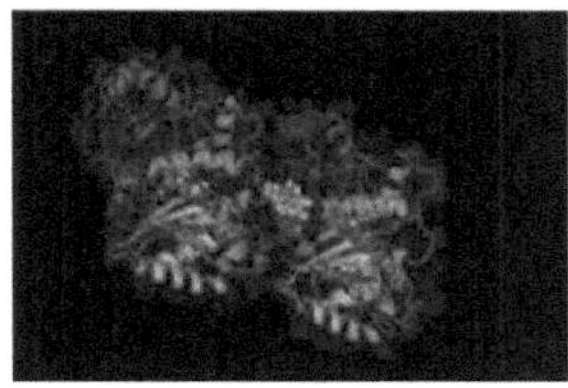

Fig. 4.4 Agente antimitótico CA-4 **Fig. 4.5** Ligação ao sítio da colchina 7

Hsieh e Nam estabeleceram que o padrão de substituição 3, 4, 5-trimetoxi no anel A e a orientação *cis* entre os dois anéis arilo eram essenciais para uma ligação eficiente à tubulina e que a configuração *cis-olefina* na ponte era essencial para uma atividade óptima.[9] No entanto, durante o armazenamento e a administração, a configuração *cis* do CA-4 isomeriza-se para a forma *trans* termodinamicamente mais estável, produzindo uma redução drástica das actividades anti-tubulina e antiproliferativa. Assim, para manter a configuração *cis* para a bioatividade, incorporámos o sistema de anéis heterocíclicos de pirimidina na ligação dupla, mostrando uma semelhança proeminente com o produto natural anti-cancerígeno Combretastatina A-4.[10,11]

Nos estudos da relação estrutura-atividade (SAR), Hsieh e Nam revelaram que o padrão de substituição 3,4,5-trimetoxi no anel A e a orientação *cis* entre os dois anéis arilo eram essenciais para uma ligação eficiente à tubulina e a configuração *cis-olefina* na ponte era essencial para uma atividade óptima[12]. No entanto, tem uma semi-vida biológica curta[13], a configuração *cis* ativa do CA-4 isomeriza-se na forma *trans* inativa termodinamicamente mais estável em calor, luz e meios próticos. Durante o armazenamento e a administração, verifica-se uma redução notável das actividades anti-tubulina e antiproliferativa. Assim, a substituição da porção olefínica por anéis carbocíclicos[14-15] ou heterocíclicos[16-19] e grupos funcionais de ligação[20-23] tornou-se uma abordagem valiosa para manter a configuração *cis* para a bioatividade e para inibir a degradação metabólica.

Por conseguinte, para gerar um novo esqueleto molecular como potencial agente bioativo específico do alvo, a incorporação de um suporte relevante é um aspeto crucial na conceção de medicamentos. No presente trabalho, o anel heterocíclico de pirimidina, como ligante de 3 carbonos, é incorporado para manter a conformação cis bloqueada, mostrando uma semelhança proeminente com o produto natural anti-cancerígeno Combretastatina A-4.[24-28] Pode perturbar o sistema de defesa antioxidante celular e desencadear a via apoptótica, provocando um aumento das ROS na célula.[29] A estrutura heterocíclica da 1,3-oxazina foi incorporada como um heterociclo adicional na molécula projectada devido às suas interessantes propriedades farmacológicas.[30-32]

Para sintetizar novas entidades moleculares inspiradas no CA-4, foi considerada uma série de novos análogos substituídos de 2- pirimidinil-2,*3-dihidro-1H-nafto*[1,*2-e*][1,3]oxazina (**Fig. 4.6**). Imaginámos que a substituição da ligação olefínica do CA-4 por um motivo de ponte de pirimidina e um núcleo adicional de naftoxazina proporcionaria pontos dadores/aceitadores de ligações de hidrogénio através de funcionalidades N/O dos anéis de pirimidina e naftoxazina e também que a naftoxazina aumentaria as interacções hidrofóbicas para a ligação da tubulina. Isto geraria interacções essenciais com o local de ligação da tubulina à colchicina. Além disso, estas alterações estruturais podem induzir propriedades semelhantes às dos

81

medicamentos e aumentar a solubilidade em água do CA-4. Por conseguinte, a congregação de um motivo de ponte de pirimidina, de um núcleo adicional de naftoxazina e de arilos substituídos relevantes variados pode ser uma abordagem importante para explorar potenciais inibidores da tubulina.

Assim, foi feita uma tentativa de conceber e explorar a estrutura ideal necessária para a potencial atividade antitumoral e menor capacidade de resistência aos medicamentos, tendo sido sintetizada uma série de compostos através da alteração do padrão de substituição da ligação de hidrogénio no anel A e no anel B, bem como da incorporação de estruturas heterocíclicas de pirimidina e 1,3-oxazina para estudar o efeito nas capacidades anti-proliferativas e anti-tubulina, o que poderia levar ao desenvolvimento de novos agentes antitumorais.

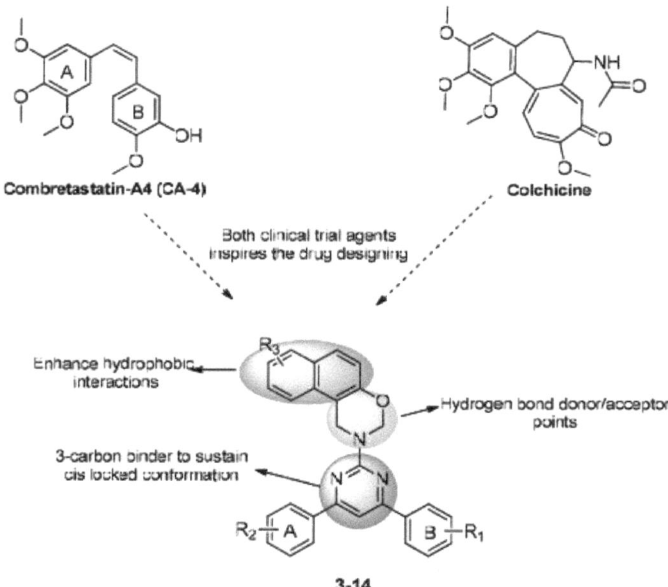

Fig. 4.6 Conceção de novos análogos substituídos de 2-pirimidinil-2,3-dihidro-1H-nafto[1,2-*e*][1,3]oxazina (**3-14**)

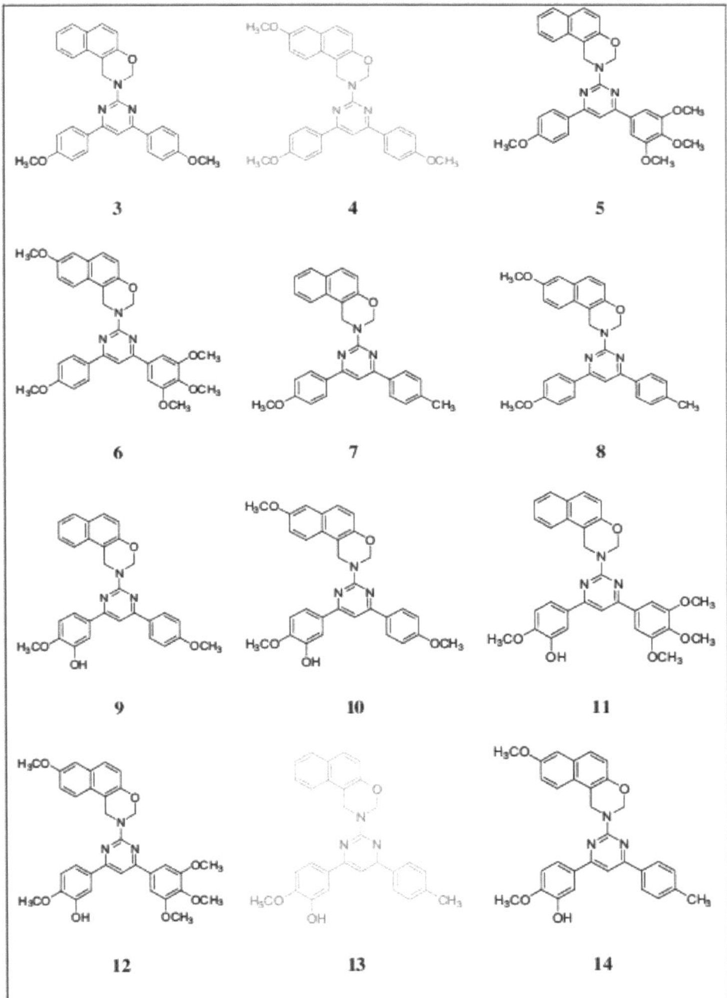

Fig. 4.7 Síntese da 2-pirimidinil substituída por 2,*3-di-hidro-1H-nafto*[1,2-e][1,3] oxazina

4.2 Atividade antitubulina *in vitro* **de 2-pirimidinil-2,3-di-hidro-1H-nafto[1,2-e][1,3]oxazina substituída**

4.2.1 Actividades antiproliferativas *in vitro*

Para descobrir a atividade biológica de todos os compostos sintetizados (**3-14**) **Fig. 4.7**, avaliámos inicialmente a citotoxicidade contra um painel de algumas linhas de células cancerígenas humanas, tais como HeLa (cancro do colo do útero) e B16F10 (melanoma), utilizando o ensaio MTT (3-(4,5-dimetiltiazol-2-il)-2,5-difenil brometo de tetrazólio). As células NIH T3T foram utilizadas como células não cancerosas. A combretastatina A-4 (CA-4), um conhecido inibidor da polimerização da tubulina, foi utilizada como controlo juntamente com os compostos sintéticos avaliados neste ensaio. Os valores são expressos em meia concentração inibitória máxima (IC50) e os resultados são apresentados na **Tabela 1**. Felizmente, os resultados do rastreio revelaram que todos os compostos sintetizados apresentaram uma citotoxicidade considerável (valores IC50 que variam aproximadamente entre 1 e 8 ʟɪM) nas linhas celulares testadas. Entre uma série de compostos, **4** e **13** exibiram a citotoxicidade mais significativa com valores ɪᴄ50 de 1,26 e 2,16 1 M nas linhas celulares HeLa, bem como 1,56 e 1,86 1 M nas linhas celulares B16F10, respetivamente. Entre todos os compostos sintetizados, **4** e **13** foram considerados os mais activos nas linhas celulares examinadas. O ensaio MTT foi efectuado de acordo com o protocolo anteriormente descrito.[33]

Quadro 1: Citotoxicidade (valor ɪᴄ50 em 1 M)[a] dos compostos em linhas celulares de cancro humano seleccionadas.

S.N.	Composto	HeLab	B16F10[c]	NIH T3T[d]
1.	**3**	2,26 ± 0,25 цт	2,76 ± 0,18 цт	5,76 ± 0,19 цт
2.	**4**	1,26 ± 0,12 1 m	1,56 ± 0,17 цт	3,57 ± 0,15 цт
3.	**5**	3,56 ± 0,19 lm	4,46 ± 0,18 цт	6,76 ± 0,37 цт
4.	**6**	2,76 ± 0,35 1 m	3,66 ± 0,49 цт	5,79 ± 0,97 цт
5.	**7**	3,26 ± 0,67 lm	3,76 ± 0,13 цт	6,76 ± 0,23 цт
6.	**8**	3,28 ± 0,47 lm	4,66 ± 0,14 цт	8,25 ± 0,87 цт
7.	**9**	2,26 ± 0,73 lm	3,56 ± 0,15 цт	6,45 ± 0,67 цт
8.	**10**	4,26 ± 0,28 lm	5,26 ± 0,45 цт	7,46 ± 0,87 цт
9.	**11**	3,26 ± 0,59 lm	4,26 ± 0,67 цт	5,35 ± 0,77 цт
10.	**12**	3,26 ± 0,14 lm	4,46 ± 0,36 цт	6,76 ± 0,87 цт
11.	**13**	1,16 ± 0,27 lm	1,86 ± 0,65 цт	3,16 ± 0,24 цт
12.	**14**	2,26 ± 0,53 1 m	3,52 ± 0,26 цт	7,86 ± 0,34 цт
13.	Combretastatina A-4	0,052 ± 0,025 цт	0,045 ± 0,033 цт	0,085 ± 0,072 цт

[a] Concentração inibitória de 50% após 48 h de tratamento . [b] cancro do colo do útero. [c] melanoma. dnão com o fármaco em células cancerosas.

4.2.2 Ensaio de viabilidade celular

Este ensaio indicará o efeito dos compostos sintetizados na viabilidade das células cancerígenas. Demonstrará o rácio de células vivas e mortas. Baseia-se no facto de as células viáveis (membrana plasmática intacta) e mortas (membrana plasmática danificada) poderem ser discriminadas através da coloração diferencial com Iodeto de Propódio (PI).

O PI é um corante vermelho fluorescente de muito boa ligação ao ADN, mas não consegue atravessar uma membrana plasmática intacta das células e corar o ADN. Por conseguinte, o PI só pode corar células com a membrana plasmática danificada (ou seja, células mortas).[34-35] O Hoechst 33342 é um corante fluorescente azul, com forte ligação ao ADN, que pode corar tanto células vivas como mortas.[36] O Hoechst 33342 pode corar a cromatina condensada das células apoptóticas mais intensamente do que a cromatina das células não apoptóticas. A partir da (**Fig. 4.8**), é evidente que as células cancerosas (células HeLa) tratadas com os compostos **4** e **13** apresentam mais manchas vermelhas brilhantes em comparação com as células normais (células NIH T3T), o que indica que os compostos **4** e **13** são eficazes na passagem das células cancerosas viáveis a células mortas. É também interessante mencionar que, entre as células normais (NIH T3T) e as células cancerosas (HeLa), foram observadas mais células necróticas (células com coloração vermelha, ou seja, células com coloração PI) nas células HeLa tratadas com **4** e **13**. Isto indica que **4** e **13** são citotóxicos para as células cancerígenas, mesmo na concentração de 2 ųM. Estes resultados estão de acordo com a observação efectuada no ensaio MTT.

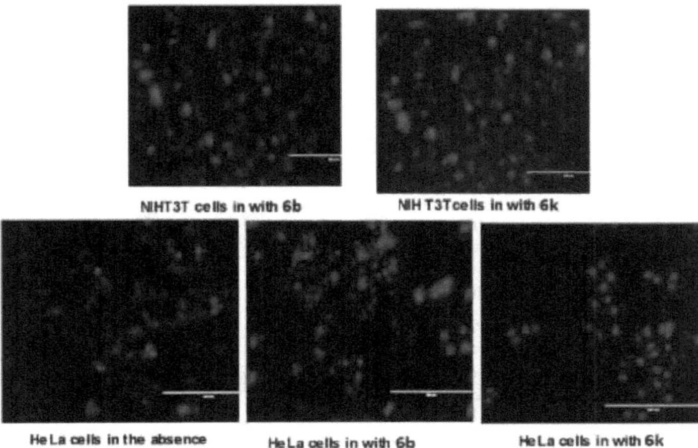

Fig. 4.8. O ensaio de viabilidade celular é efectuado para determinar o efeito de 6b e 6k na viabilidade celular.

As células HeLa na ausência de compostos e quando tratadas com células normais como NIHT3T foram consideradas como controlos.

4.2.3. Ensaio do ciclo celular

As células sofrem divisões celulares espontâneas de forma sistemática, o que se designa por ciclo celular. A maioria dos agentes quimioterapêuticos exibe o seu potencial inibidor do crescimento através da obstrução do ciclo celular num ponto de controlo específico. O ensaio antiproliferativo *in vitro* ou o ensaio MTT sugere que os compostos **4** e **13** apresentaram uma citotoxicidade significativa contra a linha celular HeLa. O ensaio do ciclo celular foi efectuado para compreender o papel dos compostos **4** e **13** em diferentes fases do ciclo celular. As percentagens de distribuição das células HeLa na amostra não tratada nas fases sub-G0/G1, G1, S e G2/M foram de 13,72%, 67,91%, 9,98% e 8,29%, respetivamente. A amostra não tratada foi considerada como controlo. Após o tratamento das células HeLa com 2 uM dos compostos **4** e **13**, há uma alteração significativa na distribuição das células na fase G2/M. Após o tratamento com **4**, as percentagens de células nas fases sub-G1, G1, S e G2/M foram de 01,89%, 54,88%, 14,48% e 17,61%. Da mesma forma, após o tratamento com **13**, as percentagens de células nas fases sub-G1, G1, S e G2/M foram de 02,07%, 59,91%, 10,71% e 18,48%. Após o tratamento das células HeLa com os compostos **4** e **13**, a percentagem de células na fase G2/M aumentou de 8,2% para 17,61% (no caso do 6b) e 18,48% (no caso do 6k) (**Fig. 3**). No ensaio do ciclo celular, é evidente que, nas células HeLa, após o tratamento com **4** e **13** moléculas, o ciclo celular apresentou uma acumulação de células na fase G2/M. Os pormenores do ensaio do ciclo celular são apresentados na **Tabela 2** e a representação do histograma do ciclo celular correspondente da distribuição das células em diferentes fases do ciclo celular é apresentada na (**Fig. 4.9**).

Tabela 2: Detalhes da percentagem de células distribuídas em diferentes fases do ciclo celular.

S.NO	Sub-G1	G1	S	G2/M
Células HeLa não tratadas	13.72%	67.91%	9.98%	8.29%
6b tratadas com células HeLa	01.89%	54.88 %	14.48 %	17.61 %
Células HeLa tratadas com 6k	02.07 %	59.91 %	10.71 %	18.48 %

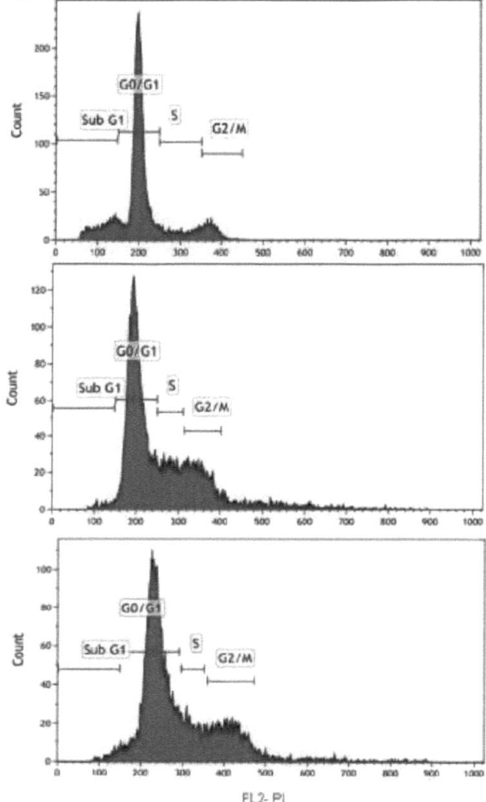

Fig. 4.9. Histogramas do ciclo celular obtidos após o tratamento de células HeLa com concentrações de 2 uM dos compostos 6b e 6k.

4.2.4 Ensaio de inibição da polimerização da tubulina

A tubulina é um componente importante da rede do citoesqueleto e é essencial para as funções celulares, principalmente durante a mitose. A tubulina é o alvo de várias pequenas moléculas. Recentemente, foi demonstrado que vários compostos anti-proliferativos funcionam como inibidores da polimerização da tubulina.[37-38] Para compreender o possível papel dos compostos sintéticos (compostos **4** e **13**) que exibiram citotoxicidade máxima em células HeLa no ensaio MTT e inibiram o ciclo celular na fase G2/M, foi efectuado um ensaio de inibição da polimerização da tubulina.

a) Ensaio de imunohistoquímica

Para verificar o possível mecanismo de ação destes compostos activos, foi realizada a inibição da polimerização da tubulina utilizando um ensaio imuno-histoquímico para examinar os efeitos *in situ* nos microtúbulos celulares induzidos pelos compostos **4** e **13** em células HeLa.[39] Por conseguinte, as células Hela foram tratadas com os compostos **4** e **13** a uma concentração de 2 uM durante 48 horas. Um conhecido inibidor da polimerização da tubulina, CA-4, foi utilizado como controlo positivo neste estudo. Os resultados experimentais revelaram que as células cancerígenas Hela não tratadas apresentavam uma distribuição normal dos microtúbulos (**Fig. 4.10**), ao passo que as células tratadas com **4** e **13**, bem como com **CA-4,** apresentavam uma organização de microtúbulos perturbada, como se pode ver na **Fig. 4.10, o** que demonstra a inibição da polimerização da tubulina.

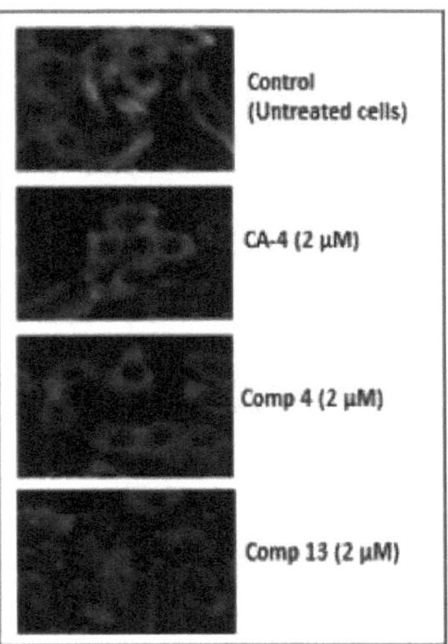

Fig. 4.10. O ensaio de polimerização da tubulina explicará o papel das moléculas **4** e **13** (a uma concentração de 2uM) na inibição da polimerização da tubulina. As células não tratadas e as células tratadas com CA-4 foram consideradas como controlo.

b) Ensaio de fluorescência

Embora a inibição da polimerização da tubulina tenha sido avaliada utilizando um ensaio imunohistoquímico, a capacidade dos compostos sintéticos **4** e **13** na inibição da polimerização da tubulina foi novamente testada utilizando uma técnica sensível, nomeadamente a espetroscopia de fluorescência, para confirmar a capacidade dos compostos **4** e **13** na inibição da polimerização da tubulina. No ensaio, o Nocodazole
e o paclitaxel são considerados como padrões e a inibição da tubulina na ausência dos compostos de ensaio (**4** e **13**) é considerada como controlo. Sabe-se que o paclitaxel estabiliza os microtúbulos (MTs), estimula a polimerização da tubulina e a produção excessiva de microtúbulos ligando-se à p-tubulina. Por outro lado, o Nocodazole liga-se à p-tubulina e interrompe a dinâmica de montagem/desmontagem dos microtúbulos, causando obstrução na formação das fibras do fuso metafásico durante o ciclo de divisão celular. O presente ensaio baseado na fluorescência também confirma que as moléculas **4** e **13** têm o potencial de inibir moderadamente a polimerização da tubulina. Estes dados apoiam os dados obtidos no ensaio de imunohistoquímica. Além disso, também é evidente que, entre as moléculas testadas, **a 4** tem maior potencial para inibir a polimerização da tubulina do que a **13**. A partir da (**Fig.**

4.11) é evidente que a inibição da polimerização da tubulina ocorre na presença dos compostos **4** e **13**. Os detalhes foram mostrados na (**Fig. 4.11**).

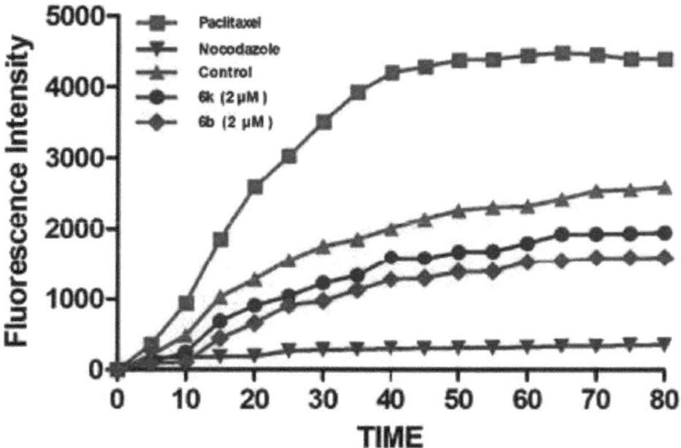

Fig. 4.11. Efeito dos compostos **4** e **13** na polimerização da tubulina. Os padrões típicos, como o Paclitaxol e o Nocodazole, são utilizados no ensaio para comparar a extensão da inibição da polimerização da tubulina pelos compostos **4** e **13**. A amostra sem a adição de qualquer composto (**4** e **13**) é considerada como controlo.

4.3 Estudos de acoplamento molecular

4.3.1 Identificação do sítio ativo e validação do sítio de ligação da colchicina

Os microtúbulos são polímeros citoesqueléticos de tubulina envolvidos em muitas funções celulares. A sua instabilidade dinâmica é controlada por numerosos compostos e proteínas, incluindo a colchicina e as proteínas da família das estatinas. A resolução de raios X da colchicina está disponível, o que foi utilizado para validar o procedimento de acoplamento. No presente trabalho, utilizámos a estrutura, com uma resolução de 3,5 A, da tubulina em complexo com a colchicina e com o domínio semelhante à estadimina (SLD) da RB3 **Fig. 4.12** que mostra o local de ligação da colchicina ao lado das subunidades al, a2 e p2). O sítio ativo da p-tubulina foi validado com o ligando nativo co-cristalizado colchicina. A comparação das poses obtidas pelo programa NRG Suite com as da proteína cristalizada produziu um desvio quadrático médio (RMSD) = 1,74 A para a colchicina e 0,92 A° para o composto **4**, indicando uma pontuação de otimização adequada. Estes valores são pequenos e suportam a ligação no local de simulação com a orientação original da molécula cocristalizada. Os resultados indicam que o protocolo de docagem é válido e adequado para os inibidores estudados.

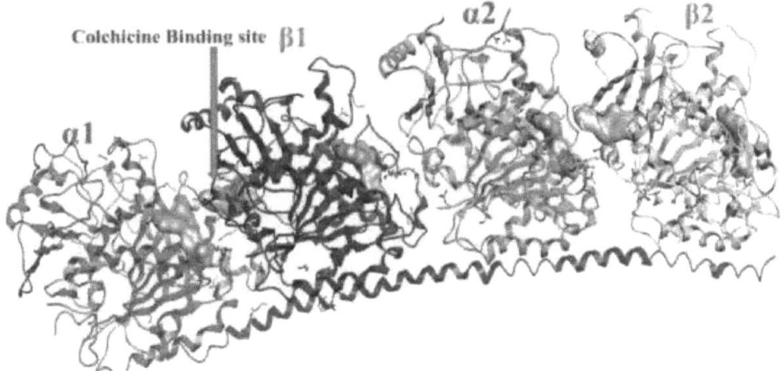

Fig. 4.12. Apresentação do sítio de ligação da colchicina na subunidade pl.

4.3.2 Análise de ancoragem

Para explorar o mecanismo de ligação e a afinidade dos compostos sintetizados, **4** e **13** foram acoplados ao potencial local de ligação da colchicina. O acoplamento da colchicina no local de ligação da colchicina (**Fig. 4.13**) foi utilizado como ligando nativo utilizando o programa NRGSuite.

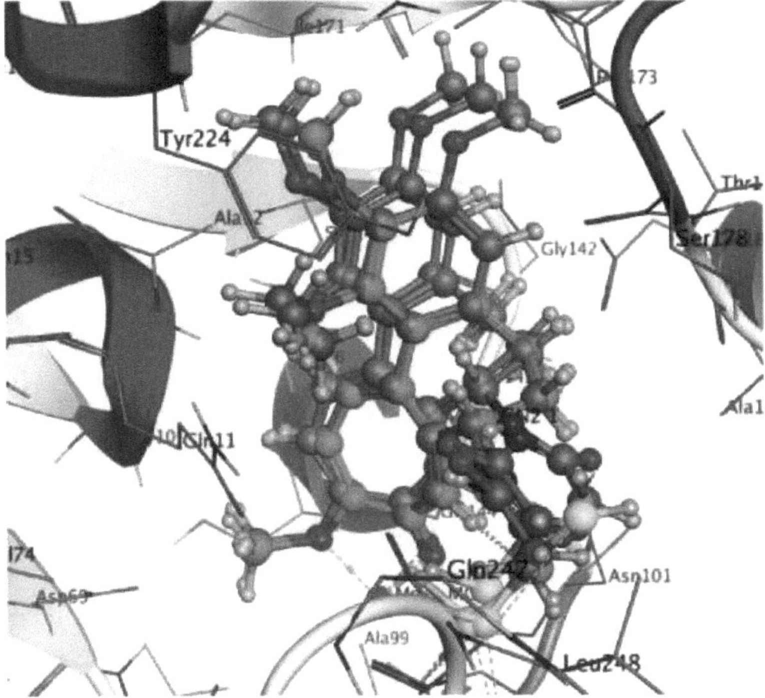

Fig. 4.13. Diferentes conformações da **colchicina** no sítio de ligação da colchicina da proteína tubular.

(O ligando de cor verde colchicina apresentou a pontuação de acoplamento mais elevada de -
8,640 kcal/mol com
RMSD de **1,7439**)

A análise de acoplamento da colchicina, que foi utilizada como ligando nativo, com a proteína tubulina beta modelada é simulada pelo NRGSuite, um software de código aberto com algoritmo genético para pesquisa estocástica de pose de acoplamento. Para investigar a afinidade de ligação e a base molecular das interacções, todos os doze compostos sintetizados **3** a **14** foram encaixados no local de ligação da colchicina previsto a partir da estrutura da beta tubulina. Os compostos **4** e **13** foram os mais activos contra as linhas celulares de cancro humano no ensaio de polimerização da tubulina. Por conseguinte, escolhemos os compostos **4** e **13** para a análise de acoplamento. A pontuação de acoplamento e as interacções de aminoácidos para os compostos **4, 13** e colchicina são apresentadas na **Tabela 3**.

Tabela 3: As pontuações de docking e os resíduos de aminoácidos de interação para a colchicina e os compostos sintetizados **4** e **13**

Compostos	Tipo e n.º de obrigações	Recetor de resíduos	Pontuação de acoplamento	RMSD
Colchicina	Ligação de hidrogénio convencional-2,	Lys D:254, Gly C:144	-8,64 kcal/mol	1.74
	Ligações de hidrogénio de carbono-6	Ser C:178, Val C:177, Tyr C:224, Asp C:69(duas ligações), Lys D:254		
	Metal Contacto do aceitador-1	MG C:503		
	Interacções alquilo e pialquilo (contacto hidrofóbico) - 6	Pro C:173, Ile C:171, Ala C:12,Tyr C:224		
4	Ligações de hidrogénio de carbono-5	Glu C:183,(2 ligações), Gly C:142, Val D:315, Asn D:258	-8,90 kcal/mol	0.92
	Interação Pi-Enxofre-1	Met D:259		
	Interacções alquilo e pialquilo (contacto hidrofóbico)-14	Leu D:248(3obrigações),Ala D:354(2 obrigações), Ala D:316(2 obrigações), Lys D:352(2 bond), Met D:259(1bond), Val C:181(1bond)		
13	Ligação de hidrogénio convencional-1	Glu C:183	-8,55 kcal/mol	2.5726
	Ligações de hidrogénio de carbono-4	Gly C:143, Asn C:101(2 obrigações), Ala		

	C:180		
Alquil&Pi-alquil (contacto hidrofóbico) interacções-7	Ala C:12, Leu D:248(2 ligações), Leu D:255, Ala D:316, Lys D:352, Ala C:180		

A análise de acoplamento molecular dos compostos **4** e **13** gerou valores negativos para as pontuações de acoplamento (ver Tabela 4), pelo que sugere uma elevada afinidade para o local de ligação da colchicina na proteína tubulina. Apesar disso, todos os compostos acoplados (compostos **6a** a **13**) adquiriram diferentes conformações no local de ligação da colchicina. As interacções envolveram ligações de hidrogénio convencionais, ligações de hidrogénio de carbono e interacções hidrofóbicas como ligações alquilo e pi-alquilo. Os compostos **4** e **13** apresentaram interacções de ligação semelhantes e diferentes no local de ligação da colchicina. A investigação do padrão de ligação de novos compostos é de importância primordial para a conceção de novas pistas anticancerígenas.

O complexo recetor do fármaco no local de ligação da colchicina foi estabilizado por ligações de hidrogénio e certas interacções não ligadas aumentam o potencial anticancerígeno das novas entidades líderes. A partir dos resultados experimentais de acoplamento molecular, o composto **4** apresenta uma pontuação de acoplamento mais elevada de -8,90 kcal/mol em comparação com o ligando nativo/ortostático colchicina (pontuação de acoplamento -8,64 kcal/mol), o que inferiu que o composto **4** apresenta uma afinidade de ligação significativamente mais elevada para o local de ligação da colchicina do que o ligando ortostático, colchicina (**Fig. 4.14**).

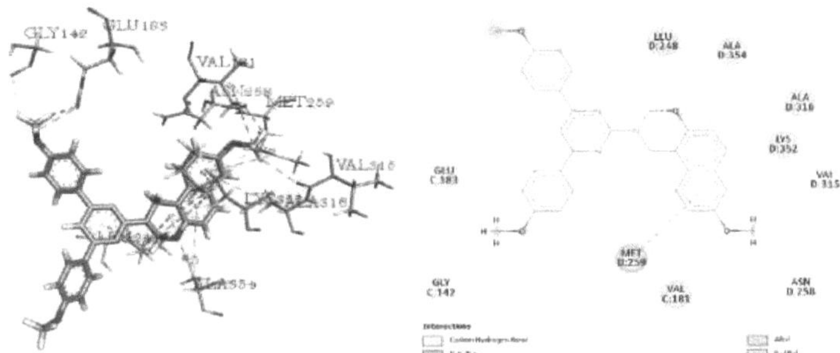

Fig. 4.14. Representação da interação 3D e 2D do composto **4** na bolsa de ligação da colchicina na proteína tubulina.

Além disso, o composto **13**, com uma pontuação de acoplamento de -8,55 kcal/mol, apresenta uma boa afinidade de ligação para o local de ligação da colchicina, que foi nitidamente inferior à do ligando ortostático, a colchicina. A análise de acoplamento revela que o composto **13** apresentou uma afinidade de ligação quase semelhante à do ligando nativo colchicina, com base na pontuação de acoplamento, ligação de hidrogénio e certas interacções sem ligação.

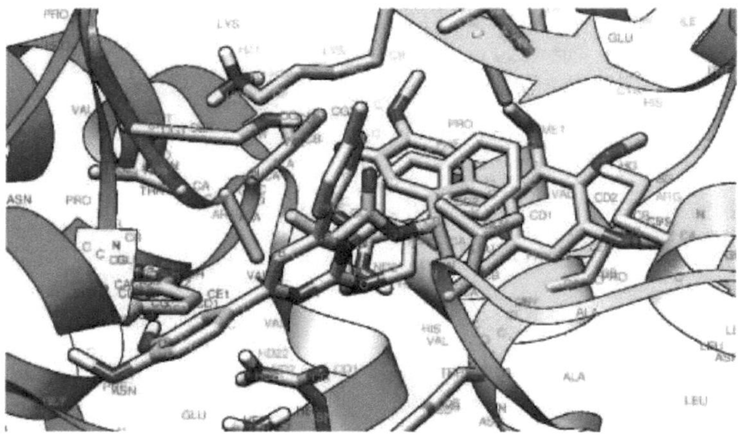

Fig. 4.15. Conformação de ligação do composto **4** (cor creme) alinhada com o ligando nativo colchicina (cor ciano).

O composto **4** liga-se ao local de ligação da colchicina da tubulina com 5 ligações de hidrogénio-carbono, 14 contactos alquilo/pi-alquilo e uma interação pi-sulfureto (**Fig. 4.15**). Aqui, 4 grupos metoxi no anel fenílico apresentam três interacções de ligação de hidrogénio com os resíduos Glu C:183 e Gly C:142 (ver quadro 1). Simultaneamente, um outro substituinte 4-metoxi no anel fenílico provoca um contacto com a área de superfície acessível ao solvente. Além disso, o anel de pirimidina adjacente ao anel de dois fenilos revelou um contacto hidrofóbico alquil pi-alquil com os resíduos Leu D: 248. Simultaneamente, os resíduos Leu D: 248 ancoraram com o naftaleno e o anel de oxazina através de ligações hidrofóbicas alquil pi-alquil. Além disso, o anel de oxazina ligou o anel de naftaleno ao resíduo Ala D: 354 através de interacções alquil pi-alquil hidrofóbicas. Adicionalmente, o anel de naftaleno envolve-se na interação alquil pi-alquil hidrofóbica com os resíduos Ala D: 316 e Lys D: 352, enquanto ancora com o Met D: 259 através da interação pi-sulfureto. De forma notável, o substituinte 8-metoxi sobre a porção naftalina participa na interação de ligação de hidrogénio de carbono com o Val D: 315, Met D: 259 e Asn D: 258. Simultaneamente, o mesmo substituinte 8-metoxi está envolvido nas interacções hidrofóbicas alquil pi-alquil com os resíduos Lys D: 352 e Val C: 181 resíduos. Por último, a análise de acoplamento confirmou que as ligações de hidrogénio convencionais, as ligações de hidrogénio de carbono e as interacções hidrofóbicas de alquil pi-alquil são as principais forças motrizes responsáveis pela afinidade de ligação e pela maior pontuação de acoplamento do composto **4**, o que justifica a maior atividade anticancerígena em comparação com a colchicina e o composto **13**.

Além disso, o composto **13** liga-se à proteína tubulina através de ligações de hidrogénio convencionais, ligações de hidrogénio de carbono, interacções hidrofóbicas de pi-alquilo e alquilo, com uma pontuação de acoplamento de -8,55 kcal/mol e um RMSD de 2,5726 (**Fig. 4.16**). Estas são as forças fundamentais que regem a afinidade de ligação do **13** à proteína tubulina. O resíduo de interação, bem como a pontuação de ligação para o composto **13**, foram apresentados na **Tabela 4**.

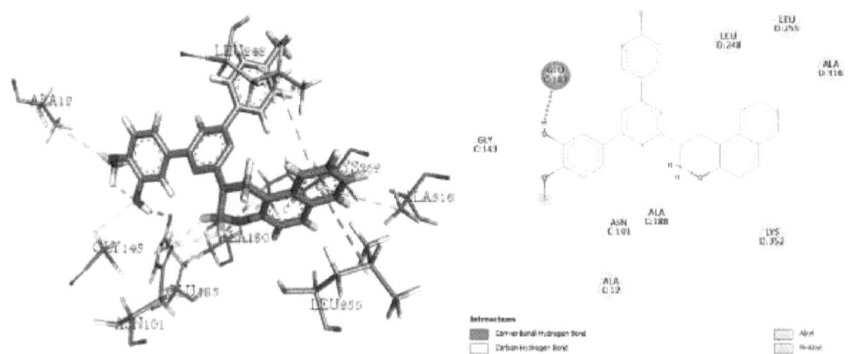

Fig. 4.16. Representação da interação 3D e 2D do composto **13** na bolsa de ligação da colchicina na proteína tubulina.

Simultaneamente, quando comparámos os valores RMSD para a colchicina, o composto **4** e o composto **13**, observámos que o composto **4** se adaptava melhor à bolsa de ligação da colchicina do que a colchicina e o composto **13**. Esta observação revela a maior estabilidade do composto **4** na bolsa de ligação da colchicina. Hipoteticamente, a maior afinidade do composto **4** para o local de ligação da colchicina indica o seu maior potencial inibitório a nível celular. Assim, na presente série, o composto **4** emergiu como uma potencial entidade líder como agente anticancerígeno.

4.4 Discussão

Os microtúbulos estão entre os alvos moleculares mais importantes para os agentes quimioterapêuticos contra o cancro[40] porque o sistema de microtúbulos das células eucarióticas é um elemento crítico numa variedade de processos celulares fundamentais, tais como a divisão celular, a formação e manutenção da forma da célula, a regulação da motilidade, a sinalização celular, a secreção, o transporte intracelular de vesículas, mitocôndrias, outros órgãos celulares e a mitose[41]. Por conseguinte, a inibição da função dos microtúbulos utilizando agentes que visam a tubulina é uma abordagem validada para a terapia anticancerígena.

Sintetizámos 12 novos derivados de naftoxazina incorporando o análogo CA-4 e o núcleo de 1,3-oxazina com base em estudos de docking, investigações SAR e estudámos a atividade anticancerígena. A partir da atividade antiproliferativa *in vitro* de todos os derivados de pirimidinil naftoxazina sintetizados, em que as potências citotóxicas foram avaliadas utilizando o método de ensaio MTT. Vale a pena mencionar aqui que a maioria dos compostos foi significativamente mais citotóxica para as linhas de células cancerosas humanas, tais como HeLa (cancro do colo do útero) e B16F10 (melanoma) do que NIH T3T, células não cancerosas. Entre os compostos (**3-14**), o **4** e o **13** apresentaram a citotoxicidade mais potente contra as linhas celulares HeLa (cancro do colo do útero). Assim, a citotoxicidade dos compostos **4** e **13** foi confirmada no ensaio de viabilidade celular, que permite discriminar células mortas e viáveis num meio. O facto interessante observado no ensaio é que, mesmo a 2 µM de concentração, **4** e **13** são eficientes em empurrar as células cancerígenas viáveis (células HeLa) para células mortas em comparação com as células normais (células NIH T3T). Estes resultados estão de acordo com a observação efectuada no ensaio MTT. A combretastatina A-4, um conhecido inibidor da tubulina polimerase, foi utilizada como controlo neste ensaio. A citotoxicidade das moléculas sintéticas foi menor em comparação com a Combretastatina A-4. Assim, a citotoxicidade significativa das moléculas sintetizadas conferida aos grupos de ligação de hidrogénio, tais como -OCH3, -OH em anéis aromáticos, desempenha um papel crucial. O grupo metilo na posição *para* do anel aromático em 13 torna-o mais hidrofóbico e mais propenso a ligar-se a biomoléculas. O ensaio do ciclo celular também indica que os compostos 4 e 13 são suficientemente eficazes para inibir o ciclo celular na fase G2/M.

Como os compostos 4 e 13 mostraram uma citotoxicidade significativa para as células HeLa (cancro do colo do útero) entre todos os compostos sintetizados, foi realizado um ensaio imunohistoquímico para verificar o possível mecanismo de ação, examinando os efeitos *in-situ* nos microtúbulos celulares. Os resultados experimentais demonstram que a perturbação da organização dos microtúbulos das células HeLa (cancro do colo do útero) ocorreu quando tratadas com os compostos 4 e 13, **considerando o** CA-4 como controlo positivo. Além disso, o ensaio baseado na fluorescência na presença de 4 e 13 também exibiu uma inibição moderada da polimerização da tubulina, apoiando os dados obtidos através do ensaio de imunohistoquímica, em que 4 mostrou um potencial de inibição da polimerização da tubulina superior ao de 13. Assim, todos os análogos concebidos 3-14 apresentaram uma citotoxicidade considerável em linhas celulares cancerosas em comparação com células não cancerosas, entre as quais os compostos 4 e 13 apresentaram uma citotoxicidade significativa devido à rutura da organização dos microtúbulos nas células HeLa (cancro do colo do útero).

Além disso, para racionalizar os dados experimentais obtidos e investigar a afinidade de ligação e a base molecular das interacções, todos os doze compostos sintetizados 6a-l foram acoplados ao local de ligação da colchicina previsto a partir da estrutura da beta-tubulina. Como os compostos 4 e 13 **surgiram** como os mais activos contra as linhas celulares de cancro humano e no ensaio de polimerização da tubulina, foi feita a análise de acoplamento dos compostos 4 e 13. Os valores do desvio quadrático médio (RMSD) em relação aos da proteína cristalizada para a colchicina, o composto 4 e o 13 são 1,74 A, 0,92 A° e 2,5726 A", respetivamente, indicando uma pontuação de otimização adequada. Estes valores são pequenos e suportam a ligação no local de simulação com a orientação original da molécula co-cristalizada.

Apesar de todos os compostos acoplados (compostos **6a -l**) terem adquirido conformações diferentes no local de ligação da colchicina, o composto 4 apresenta uma pontuação de acoplamento superior de -8,90 kcal/mol e o composto 13 **uma pontuação de** acoplamento inferior de -8.55 kcal/mol, em comparação com o ligando nativo/ortostático colchicina (pontuação de acoplamento -8,64 kcal/mol), o que permitiu inferir que o composto 4 **apresenta** uma afinidade de ligação significativamente mais elevada para o local de ligação da colchicina do que o ligando ortostático, a colchicina e o composto 13.

Além disso, a análise detalhada do complexo fármaco-recetor revelou várias interacções-chave que desempenham papéis importantes na ligação. O complexo fármaco-recetor no local de ligação da colchicina foi estabilizado por ligações de hidrogénio e certas interacções não ligadas.

A investigação pormenorizada do padrão de ligação dos novos compostos 4 e 13 é atribuída à estrutura do composto. A presença de grupos hidroxilo e metoxilo apresenta principalmente interacções de ligação de hidrogénio. O grupo metoxi também contribuiu para a interação carbono-hidrogénio e para as interacções hidrofóbicas alquil pi-alquil, ao passo que o anel de pirimidina adjacente ao anel de dois fenilos revelou um contacto hidrofóbico alquil pi-alquil com os resíduos Leu D: 248. A orientação angular e tridimensional da naftoxazina facilita as interacções hidrofóbicas alquil pi-alquil, enquanto o anel de naftaleno está especificamente ancorado com o resíduo Met D: 259 através de uma interação pi-sulfureto. Normalmente, as interacções não ligadas, como as interacções hidrofóbicas pi-alquilo ou alquilo, dão origem a um complexo fármaco-recetor mais estável.

O composto **4** apresentou um valor RMSD mais baixo (0,92 A) e uma pontuação de acoplamento mais elevada (-8,90 kcal/mol) em comparação com a colchicina e o composto **13,** revelando a maior estabilidade e um melhor encaixe na bolsa de ligação da colchicina, o que indica o seu maior potencial inibitório a nível celular. Esta poderá ser a possível razão para a maior atividade anticancerígena do composto **4** na presente série.

4.5 Materiais e métodos

4.5.1. Ensaio MTT

A atividade anticancerígena dos complexos, utilizando o ensaio MTT, foi efectuada seguindo o protocolo anteriormente descrito (1). Foram semeadas 1×10^4 células/poço em 100 ul de DMEM, suplementado com 10% de FBS em cada poço de placas de microcultura de 96 poços e incubadas durante 24 h a 37 °C numa incubadora de CO_2. Todos os derivados foram diluídos para as concentrações pretendidas (0 uM, 1 uM, 2 uM, 3 uM, 4 uM, 5 uM, 7 uM e 10 uM) e adicionados aos poços com o respetivo controlo do veículo. Após 48 h de incubação, foram adicionados 10 ul de MTT (brometo de 3-(4, 5-dimetiltiazol-2-il)-2,5-difenil tetrazólio) (5 mg/mL) a cada poço e as placas foram incubadas durante 4 h. Em seguida, o sobrenadante de cada poço foi cuidadosamente removido, os cristais de formazão foram dissolvidos em 100 ul de DMSO e a absorvância a 570 nm de comprimento de onda foi registada.

4.5.2. Ensaio de viabilidade celular

Para compreender a extensão da viabilidade celular após o tratamento com o complexo, tanto as células normais (NIH T3T) como as células cancerosas (HeLa) foram tratadas com 2 uM, de **4** e **13** compostos. As células sem qualquer tratamento com compostos foram consideradas como controlo positivo. Após 24 horas de tratamento, as células foram primeiro coradas com Hoechst 33342 (10 ug/ml) durante 10 minutos e depois coradas com iodeto de propídio (10 ug/ml) durante mais 10 minutos. Após a coloração adequada das células, estas foram lavadas duas vezes com PBS. A coloração do ADN celular pelos corantes antes e depois do tratamento com o complexo foi observada ao microscópio de fluorescência. As células coradas com Hoechst 33342 foram excitadas a 355 nm e a emissão foi registada a 465 nm. Do mesmo modo, a fluorescência de PI foi observada excitando as células a 535 nm e observando a emissão a 617 nm.

4.5.3. Ensaio de ciclo celular.

Para validar os resultados obtidos no ensaio MTT, bem como para compreender o efeito dos compostos 6b e 6k na progressão do ciclo celular, foi efectuada uma análise do ciclo celular. As experiências de citometria de fluxo foram realizadas de acordo com o protocolo referido[42]. As células HeLa foram incubadas com 2 uM dos compostos 6b e 6k durante 48 h. As células foram colhidas, lavadas com solução salina tamponada com fosfato (PBS), fixadas em álcool a 70% gelado e coradas com iodeto de propídio (PI) (Sigma-Aldrich). O ensaio do ciclo celular foi realizado com um citómetro de fluxo Becton Dickinson FACSCalibur.

4.5.4. Ensaio de inibição da polimerização da tubulina

a) Ensaio de imunohistoquímica

As células HeLa foram semeadas em lamelas de vidro e incubadas durante 48 h na presença ou ausência dos compostos de ensaio **4, 13** e **CA-4** (um inibidor conhecido da tubulina) a uma concentração de 2 uM. Após o tratamento, as lamelas foram fixadas com uma solução de paraformaldeído (4% em IxPBS) durante 20 minutos à temperatura ambiente. A permeabilização celular foi conseguida através da administração de uma solução de Triton X-100 (0,2% em IxPBS) durante 5 min. As lamelas foram deixadas em MeOH a 100% durante a noite a 4 °C. Subsequentemente, as lamelas foram bloqueadas com uma solução de albumina de soro bovino (BSA) a 1% durante 60 minutos e depois incubadas com o anticorpo a-tubulina (1:1000) à temperatura ambiente durante 2 h. As lâminas foram lavadas três vezes durante 5 minutos cada com PBST. Em seguida, as lamelas foram incubadas com anticorpo secundário anti-rato conjugado com FITC (Cell signaling technology) durante 1 h e depois lavadas três vezes com solução PBST. Finalmente, as células foram observadas num microscópio confocal e as imagens foram analisadas quanto à integridade da rede de microtúbulos.

b) Ensaio de fluorescência

O kit de polimerização da tubulina foi adquirido à Cytoskeleton, Inc., Denver, CO. Denver, CO, EUA. Para avaliar o efeito dos compostos **4** e **13** na montagem da tubulina, foi efectuado um ensaio de polimerização da tubulina *in vitro* baseado na fluorescência, seguindo o protocolo do fabricante. Foi preparada a mistura de reação com 2 mg/mL de tubulina em 80 mM PIPES a pH 6,9, 2,0 mM $MgCl_2$, 0,5 mM EGTA, 1,0 mM GTP e 10% de glicerol na presença e ausência dos compostos **4** ou **13** (2gM). A amostra sem os compostos **4** e **13** é considerada como controlo. A polimerização da tubulina foi seguida de um aumento da fluorescência dependente do tempo devido à incorporação de um repórter de fluorescência nos microtúbulos à medida que a polimerização prossegue. A emissão de fluorescência a 420 nm (o comprimento de onda de excitação é de 360 nm) foi medida utilizando o espectrofluorímetro de fluorescência F-7000 da Hitachi. A medição da intensidade da fluorescência foi registada até 80 minutos (com um intervalo de 5 minutos para cada medição) a 37° C. Para além da amostra não tratada, a tubulina tratada com Paclitaxol 2 uM e Nocodazol também foi utilizada no ensaio.

4.5.6 Estudos de Docagem Molecular

O ficheiro PDB para a protease principal foi obtido a partir da base de dados de proteínas (https://www.rcsb.org/structure/1SA0). O PDB 1SAO[43] foi selecionado com base na resolução de raios X e na conclusão da sequência. Antes de efetuar as simulações de acoplamento, a saúde da proteína foi verificada através do gráfico de Ramachandran.[44] A proteína optimizada é aceitável para a análise de acoplamento. Antes da análise de acoplamento efectiva, o ligando nativo N3 (um inibidor da colchicina) foi removido. Todos os compostos (**3-14**) foram acoplados no local ativo, mas, por uma questão de conveniência, aqui foram representadas as poses de acoplamento para as moléculas mais activas **4** e **13** como representante.

Para a análise de acoplamento molecular, foi utilizado o software NRGSuite[45] . Este software gratuito está disponível como um plugin para PyMOL (www.pymol.org). Pode detetar as cavidades superficiais de uma proteína e utilizá-las como locais de ligação alvo para simulações de acoplamento com a ajuda do FlexAID.[46] Utiliza o algoritmo genético para a pesquisa conformacional, simula a flexibilidade do ligando e da cadeia lateral e permite a simulação de acoplamento covalente. No presente trabalho, foi utilizado o protocolo de acoplamento flexível-rígido com as seguintes predefinições para obter o melhor desempenho do NRGSuite: método de entrada dos sítios de ligação - forma esférica (diâmetro: 18A);

espaçamento da grelha tridimensional - 0.375A; flexibilidade da cadeia lateral - não; flexibilidade do ligando - sim; pose do ligando como referência - não; restrições - não; grupos HET - moléculas de água incluídas; permeabilidade de Van der Waals - 0,1; tipos de solvente - nenhum tipo; número de cromossomas - 1000; número de gerações - 1000; modelo de aptidão - partilha; modelo de reprodução - boom populacional; número de complexos TOP - 5.[47]

Para a validação do acoplamento molecular, a molécula colchicina, um inibidor conhecido da tubulina, foi utilizada para validar o protocolo de acoplamento.[48]

4.6 Conclusão:

Nesta investigação, concebemos e sintetizámos uma série de novos conjugados *2,3-dihidro-1H-naft*[1,*2-e*][1,3]oxazina de 2-pirimidinilo e avaliámos biologicamente o seu potencial citotóxico utilizando o ensaio MTT. Curiosamente, todos os compostos sintetizados mostraram uma boa potência citotóxica com valores IC50 inferiores a 10 urn contra as linhas celulares cancerosas HeLa (cancro do colo do útero) e B16F10 (melanoma). Entre todos os compostos, **4** e **13 apresentam uma** atividade citotóxica potente. Além disso, o ensaio de viabilidade celular indica que os compostos **4** e **13** são eficazes em transformar as células cancerosas viáveis em células mortas. É também evidente que, nas células HeLa, após tratamento com as moléculas **4** e **13**, o ensaio do ciclo celular mostrou uma acumulação de células na fase G2/M com apoptose induzida e os resultados experimentais da imunohistoquímica sugerem que estes compostos perturbam a montagem dos microtúbulos nas células Hela. Além disso, o ensaio de inibição da polimerização da tubulina com o método espetroscópico também indica que os compostos **4** e **13** são capazes de inibir moderadamente a polimerização da tubulina. Os resultados do ensaio também apoiam os dados obtidos através de estudos de imunohistoquímica. A bioatividade óptima do composto **4** é conferida à análise de acoplamento molecular, na qual o composto **4** tem um valor RMSD mais baixo (0,92 A°) e uma pontuação de acoplamento mais elevada (-8,90 kcal/mol) em comparação com a colchicina e o composto **13**, que podem desempenhar um papel importante na atividade inibidora da polimerização da tubulina e na citotoxicidade. Assim, na presente série, o composto **4** emergiu como uma potencial entidade líder como agente anticancerígeno, indicando o seu maior potencial inibidor da tubulina a nível celular, o que pode ser útil para futuros esforços no sentido de conceber novos inibidores da tubulina com forte afinidade, potente atividade inibidora da tubulina e elevada citotoxicidade.

Referências

1. Perez, E. A. *Mol. Cancer. Ther.* **2009**, 8, 2086-2095.
2. Shankaraiah, N.; Jadala, C.; Nekkanti, S.; Senwar, K. R.; Nagesh, N.; Shrivastava, S; Naidu, V.G.M.; Sathish, M.; Kamal, A. *Bioorganic Chemistry.* **2016**, 64, 42-50.
3. Zhou, B.; Su, L.; Hu, S.; Hu, W.; Yip, M. L. *Cancer Res.* **2013**, 73, 6484-6493.
4. Mees, C.; Nemunaitis, J.; Senzer, N. *Cancer Gene Ther.* **2009**, 16, 103-112.
5. Zhao, Y.; Butler, E. B.; Tan, M. *Cell Death Dis.* **2013**, 4, e532.
6. Mahindroo, N.; Liou, J. P.; Chang, J. Y.; Hsieh, H. P. *Expert Opin. Ther. Pat.* **2006**,16, 647-91.(b)Jordan,M.A.;Wilson, L. Microtubule s as a target for anticancer drugs. *Nat. Rev. Cancer* **2004**, 4, 253-265.
7. (a) Amos, L. A. *Org. Biomol. Chem* .**2004**, 2, 2153-2160.(b) Walczak, C. E. Curr. *Opin. Cell. Biol.* **2000**, 12, 52-56.
8. Pettit, G. R.; Singh, S. B.; Hamel, E.; Lin, C. M.; Alberts, D. S.;Garcia-Kendall, D. *Experentia* **1989**, 45, 209-211.
9. Nam, N. H. *Curr. Med. Chem* . **2003**, 10, 1697-1722.
10. Chaudari, A.; Pandeya, S. N.; Kumar, P.; Sharma, P. P.; Gupta, S.; Soni,N.; Verma, K. K.; Bhardwaj, G. *Mini-Rev. Med. Chem.* **2007**, 12, 1186-1205.
11. Tron, G. C.; Pirali, T.; Sorba, G.; Pagliai, F.; Busacca, S.; Genazzani, A.A. *J. Med. Chem.* **2006**, 49, 3033-3044.
12. Nam N., *Curr. Med. Chem* **2003**, 10, 1697-1722.
13. Tron G., Pirali T., Sorba G., Pagliai F., Busacca S., Genazzani A. *J. Med. Chem.* **2006**, 49, 3033-3044.
14. Chen H., Li Y., Sheng C., Lv Z., Dong G., Wang T., Liu J., Zhang M., Li L., Zhang T., Geng D., Niu C., Li K. *J. Med. Chem.* **2013**, 56, 685-699.
15. Nam N., Kim Y., You Y., Hong D., Kim H., Ahn B. *Bioorg. Med. Chem. Lett.* **2002**, 12, 1955-1958.
16. Bailly C., Bal C., Barbier P., Combes S., Finet J., Peyrot V., Peyrot V., Wattez N.*J. Med. Chem.* **2003**, 46, 5437-5444.
17. Simoni D., Grisolia G., Giannini G., Roberti M., Rondanin R., Piccagli L., Baruchello R., Rossi M., Romagnoli R., Invidiata F., Grimaudo S., Jung M., Hamel E., Gebbia N., Crosta L., Abbadessa V., Di Cristina A., Dusonchet L., Meli M., Tolomeo M. *J. Med. Chem.*, **2005**, 48, 723-736.
18. Beale T., Allwood D., Bender A., Bond P., Brenton J., Charnock-Jones D., Ley S., Myers R., Shearman J., Temple J., Unger J., Watts C., Xian J. *ACS Med. Chem. Lett.* **2012**, 3, 177-181.
19. La Regina G., Bai R., Coluccia A., Famiglini V., Pelliccia S., Passacantilli S., Mazzoccoli C., Ruggieri V., Verrico A., Miele A., Monti L., Nalli M., Alfonsi R., Di Marcotullio L., Gulino A., Ricci B., Soriani A., Santoni A., Caraglia M., Porto S., Da Pozzo E., Martini C., Brancale A., Marinelli L., Novellino E., Vultaggio S., Varasi M., Mercurio C., Bigogno C., Dondio G., Hamel E., Lavia P., Silvestri R. *J. Med. Chem.* **2015**, 58, 5789-5807.
20. Chaudhary V., Venghateri J., Dhaked H., Bhoyar A., Guchhait S., Panda D. *J. Med. Chem.* **2016**, 59, 3439-3451.
21. La Regina G., Edler M., Brancale A., Kandil S., Coluccia A., Piscitelli F., Hamel E., De Martino G., Matesanz R., l')ia/ J., Scovassi A., Prosperi E., Lavecchia A., Novellino E., Artico M., Silvestri R.*J. Med. Chem.* **2007**, 50, 2865-2874.
22. Ohsumi K., Nakagawa R., Fukuda Y., Hatanaka T., Morinaga Y., Nihei Y., Ohishi K.,

Suga Y., Akiyama Y., Tsuji T. *J. Med. Chem.* **1998**, 41, 3022-3032.

23. Lee H., Chang J., Nien C., Kuo C., Shih K., Wu C., Chang C., Lai W., Liou J. *J. Med. Chem.* **2011**, 54, 8517-8525.

24. Hura N., Sawant A., Kumari A., Guchhait S., Panda D. ACS Omega 3 **2018**, 8, 97549769.

25. Chaudari A., Pandeya S., Kumar P., Sharma P., Gupta S., Soni N., Verma K., Bhardwaj G. *Mini-Rev. Med. Chem.* **2007,** 12, 1186-1205.

26. Tron G., Pirali T., Sorba G., Pagliai F., Busacca S., Genazzani A. *J. Med. Chem.* **2006,** 49,3033-3044.

27. Gaukroger K., Hadfield J., Lawrence N., Nlan S., McGown A. *Org. Biomol. Chem.* **2003**,1, 3033-3037.

28. Hatanaka T., Fujita K., Ohsumi K., Nakagawa R., Fukuda Y., Nihei Y., Suga Y., Akiyama Y., Tsuji T. *Bioorg. Med. Chem. Lett.* **1998**, 8, 3371-3374.

29. Kumar B., Sharma P., Prakash Gupta V., Khullar M., Singh S., Dogra N., Kumar V. *Bioorg. Chem.* **2018**, 78, 130-140.

30. Asif M., Imran M. *Mini-Reviews in Organic Chemistry.* **2022**, 19, 4, 513-521.

31. Zhang W., Froimowicz P., Arza C., Ohashi S., Xin Z., Ishida H. *Macromolecules* **2016**, 49, 19, 7129-7140.

32. Wang Y., Li X., Ding K. *Tetrahedron: Asymmetry.* **2002**,13, 1291.

33. Green D., Reed J. *Science* **1998**, 281, 5381, 1309 -1312.

34. Vermes I., Haanen C., Reutelingsperger C. *J. Immunol. Method* **2000**, 243, 1-2, 167190.

35. Darzynkiewicz Z., Bruno S., Del Bino G., Gorczyca W., Hotz M., Lassota P., Traganos F. *Cytometry* **1992**,13, 8, 795 - 808.

36. Portugal J., Waring M. *Biochimica et Biophysica Ata (BBA)-Gene Structure and Expression* **1988**, 949,158-168.

37. Kamal A., Srikanth Y., Shaik T., Khan M., Ashraf M., Reddy K., Kumar K., Kalivendi S. *Med. Chem. Commun.* **2011**, 2, 819-823.

38. Sri Ramya P., Angapelly S., Guntuku L., Digwal C., Babu B., Naidu V., Kamal A. *Eur. J. Med. Chem.* **2017**, 127, 100-114.

39. Xi J., Zhu X., Feng Y., Huang N., Luo G., Mao Y., Han X., Tian W., Wang G., Han X., Luo R., Huang Z., An J. *Mol Cancer Res.* **2013**, 11, 856-864.

40. Ducki S., Mackenzie G., Lawrence N., Snyder J. *J. Med. Chem.* **2005**, 48, 457-465.

41. Amos L. *Org. Biomol. Chem.* **2004**, 2, 2153-2160.

42. Johnpeter P., Gupta G., Kumar J., Srinivas G., Nagesh N., Therrien B. *Inorg. Chem.* **2013**, 52 (23) 13663-13673.

43. Ravelli R., Gigant B., Curmi P., Jourdain I., Lachkar S., Sobel A., Knossow M. *Nature.* **2004**, 11, 428, 6979, 198-202.

44. Ramachandran G., Ramakrishnan C., Sasisekharan V. *Journal of molecular biology.* **1963**, 7, 1, 95-99.

45. Gaudreault F., Morency L., Najmanovich R. *Bioinformatics.* **2015**, 31, 23, 3856-3858.

46. Gaudreault F., Najmanovich R. *Journal of Chemical Information and Modeling.* **2015**, 55, 7, 1323-1336.

47. Masand V., El-Sayed N., Bambole M., Quazi S. *Journal of Molecular Structure.* **2018**, 1157, 89-96.

48. Ravelli R., Gigant B., Curmi P., Jourdain I., Lachkar S., Sobel A., Knossow M. *Nature.* **2004**, 428, 6979, 198-202.

Capítulo 5

Atividade anti-VIH de 2-tiazolil substituídos por -*2,3-di-hidro-1H-nafto*[1,2-e][1,3] oxazinas

5.1 Introdução

O Vírus da Imunodeficiência Humana (VIH) **Fig. 5.1 (A)** é o agente causador da Síndrome da Imunodeficiência Adquirida (SIDA), que tem criado uma grande devastação a nível mundial nas últimas 3 décadas. De acordo com o relatório da ONUSIDA, há aproximadamente 35 milhões de pessoas que vivem atualmente com o VIH[1]. Este relatório mostra que a epidemia de SIDA induzida pelo VIH necessita de maior atenção. Até à data, estão disponíveis mais de 25 medicamentos aprovados pela FDA dos EUA para o tratamento do VIH [www.aidsinfo.nih.gov].[2] Todos os medicamentos atualmente disponíveis contra o VIH reduzem a carga viral circulante para um nível inferior ao detetável, mas não conseguem curar a SIDA ou erradicar completamente o vírus. Além disso, o atual arsenal terapêutico coloca grandes problemas de toxicidade, de emergência de estirpes virais resistentes aos medicamentos e de incapacidade para identificar e destruir os reservatórios virais latentes.

A transcrição reversa **Fig. 5.1 (B)** é uma etapa importante e caraterística do ciclo de vida dos retrovírus, na qual o genoma de ARN de sentido positivo do vírus é convertido em ARNc pela enzima transcriptase reversa (RT)[3] . Uma estrutura e um mecanismo de ação bem caracterizados fazem da RT um alvo privilegiado para bloquear a replicação do VIH nas fases iniciais nas células hospedeiras. Vários estudos referiram que os inibidores de pequenas moléculas que visam a RT do VIH-1 bloqueiam a replicação do vírus na fase inicial do ciclo de vida[4] . O facto de se visar a RT por múltiplos meios é vantajoso para evitar o problema da toxicidade para o hospedeiro e para bloquear a replicação do vírus nas fases iniciais.[5-6]

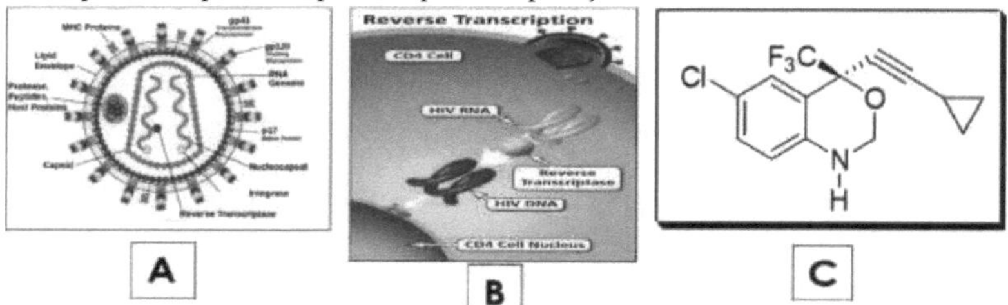

Fig. 5.1 (A) Vírus da Imunodeficiência Humana (VIH), **(B)** Transcrição reversa, **C)** Estrutura do Efavirenz (um NNRTI aprovado pela FDA dos EUA em 1998 para a terapêutica da SIDA) A (s)-6-cloro-4-ciclopropiletinil-1,4-di-hidro-4-trifluoro-metil- *2H*-[3,1]- benzoxazina-2-ona, também conhecida por Sustiva (Efavirenz) **Fig. 5.1 (C),** contém o núcleo 1,3-oxazina. O Efavirenz é um inibidor não-nucleósido da transcriptase reversa (NNRTI) que foi aprovado pela FDA dos EUA em 1998 e está atualmente em uso clínico[7] . No entanto, o VIH desenvolve resistência aos medicamentos devido à sua taxa de replicação extremamente rápida e à falta de atividade de revisão durante a transcrição reversa, pelo que é obrigatório desenvolver novos NNRTI. A síntese de compostos que incorporam o grupo 1,3-oxazina pode ajudar-nos a desenvolver novos compostos que serão mais potentes em termos de bloqueio da replicação do VIH-1 nas fases iniciais do seu ciclo de vida.

Tanto a 1, 3-oxazina como os andaimes heterocíclicos tiazólicos foram encontrados de forma proeminente em muitos produtos naturais biologicamente importantes, bem como em moléculas bioactivas. Os seus derivados têm recebido uma atenção considerável devido às várias propriedades farmacêuticas interessantes associadas a este andaime heterocíclico. Por conseguinte, os seus derivados são um dos suportes mais úteis na conceção e descoberta de fármacos. Por conseguinte, existe margem suficiente para explorar novos compostos através da combinação de 1,3-oxazina e tiazol, que será muito promissora e poderá ter melhor atividade biológica do que as moléculas que contêm qualquer um dos andaimes isoladamente, o que levaria ao desenvolvimento de novos derivados com potencial atividade anti-HIV.

Para minimizar os esforços de desenvolvimento de novos NNRTI, a SAR e as técnicas de modelização molecular ajudam a conceber inibidores eficientes e fornecem informações sobre o mecanismo de ação através do qual estes inibidores actuam. A RT desempenha um papel importante no ciclo de vida do VIH e contém também vários locais onde os inibidores se podem ligar rapidamente[8] . Recentemente, foi relatado que vários novos NNRTIs inibem a RT do VIH-1 ligando-se à enzima numa bolsa hidrofóbica localizada a uma distância de cerca de 10 A ° do seu local catalítico.[9,10] Há vários relatos de derivados de oxazina como inibidores altamente potentes da transcriptase reversa do VIH-1. [11]Assim, realizámos o estudo de docking de derivados de naftoxazina contra o HIV-1 RT para estabelecer uma relação entre a sua atividade antiviral e as interacções de ligação ao recetor.

Os 14 derivados de naftoxazina sintetizados, **Fig. 5.2,** contendo tanto o núcleo 1,3- oxazina como o grupo tiazolil, foram testados quanto à sua ação inibidora no ciclo de vida do VIH-1, tanto em sistemas sem células como em sistemas baseados em células. Estes compostos foram primeiro analisados quanto à sua atividade inibitória na RT do VIH-1 através do ensaio de atividade da polimerase do ADN dependente do ARN (ensaio RDDP) num sistema de ensaio sem células. Os nossos dados sugerem que, dos 14 compostos seleccionados, 4 compostos **23, 24, 29 e 30** inibem a RT do VIH-1 a uma concentração significativamente mais baixa do que os conhecidos NNRTI Inophyllum B e Efavirenz. Destes 4 compostos, **29 e 30** inibem a atividade de RT a uma concentração aproximadamente 2,5 vezes menor do que a do inibidor de controlo, Efavirenz. Testámos ainda a citotoxicidade e a atividade anti-HIV destas moléculas num sistema baseado em células CD4 +T humanas. Estes resultados sugerem que a molécula **29, 30** tem um TI mais elevado do que a zidovudina e o efavirenz. Em conjunto, relatamos pela primeira vez os novos derivados de naftoxazina com atividade anti-HIV significativa e com melhor TI do que alguns dos inibidores de RT anti-HIV conhecidos, tanto no sistema baseado em células como no sistema livre de células. Estes inibidores **29, 30** e outros derivados da naftoxazina podem, assim, ser considerados para estudos posteriores com vista a uma futura utilização terapêutica.

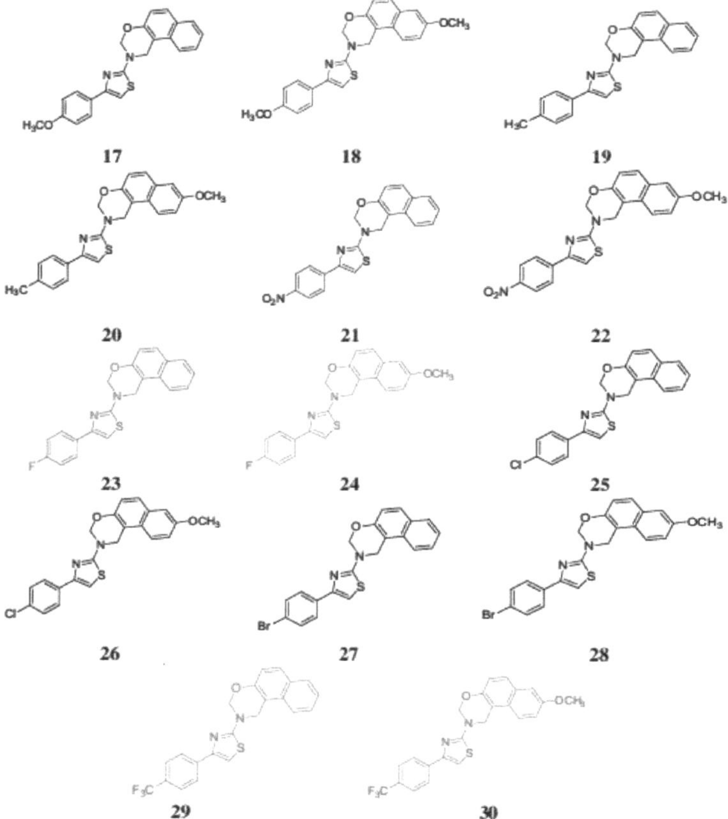

Fig. 5.2 2-Tiazolil substituídos -*2,3-dihidro-1H-nafto*[1,2-e][1,3] oxazinas sintetizados

5.2 Atividade anti-HIV *in vitro* de 2-tiazolil substituídos por -2,3-dihidro-1H-nafto[1,2-e][1,3] oxazinas

5.2.1 Atividade inibitória da atividade de RT do VIH-1 por ensaio RDDP

14 derivados de naftoxazina **17-30** foram analisados quanto à sua atividade inibidora do HIV-1 pelo ensaio RDDP a 1ug/mL de concentração de trabalho. Todos os compostos mostraram uma ação inibitória razoavelmente boa sobre a enzima transcriptase reversa no sistema de ensaio *in vitro*. Destes, os compostos **23, 24, 29** e **30** mostraram uma inibição significativamente maior da atividade de RT **Quadro 1, Fig. 5.3**.

Quadro 1 Análise dos derivados de naftoxazina para inibição da atividade da transcriptase reversa do VIH-1 através do ensaio da polimerase do ADN dependente do ARN em sistema livre de células.

Composto	% de inibição a 1pg/mL
Std. I- Inophyllum B	98.31 ± 0.48
Std. II- Efavirenz	93.27 ± 2.16

17	65.32 ± 4.81
18	68.66 ± 3.42
19	66.12 ±4.34
20	68.35 ±2.68
21	73.63 ± 2.17
22	73.15 ± 3.46
23	**92.39 ± 1.19**
24	**91.81 ± 0.88**
25	73.36 ± 0.51
26	69.08 ± 2.06
27	75.85 ± 2.15
28	73.09 ± 2.65
29	**95.42 ± 1.09**
30	**95.73 ± 2.24**

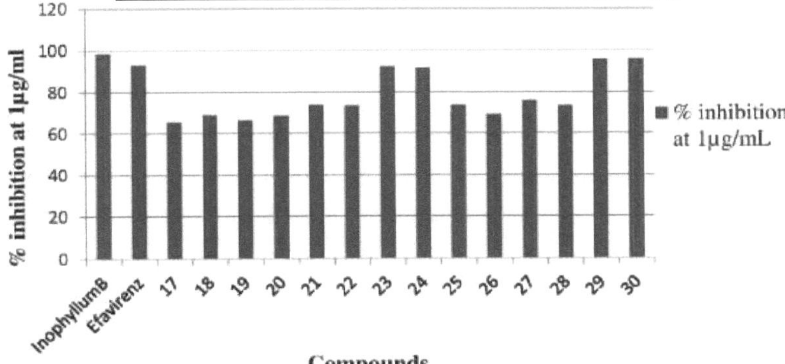

Fig. 5.3 Inibição da atividade da transcriptase reversa do VIH-1

Quatro compostos seleccionados **23, 24, 29** e **30** foram ainda testados em diferentes concentrações para analisar a sua atividade inibidora relativa na RT do VIH-1 através do ensaio RDDP. Estes resultados indicam que a EC_{50} de todas as 4 moléculas é inferior à EC_{50} do controlo InophyllymB e Efavirenz. O valor EC_{50} de **29** (79 ± 3,78 nM) e **30** (66± 2,51 nM) é aproximadamente 3 vezes inferior ao do inibidor de controlo Inophyllym B (225,3± 9,24 nM) e aproximadamente 2,5 vezes inferior ao do Efavirenz (156,17 ± 5,53 nM) **Tabela 2**.

Quadro 2 EC_{50} de derivados seleccionados de naftoxazina determinados pelo ensaio *in vitro* *de* atividade da polimerase do ADN dependente do ARN

Composto	EC_{50} (nM)
InophyllymB	225.3 ± 9.24
Efavirenz	156.17 ± 5.53
23	210 ± 2.72
24	192 ± 5.50
29	**79 ± 3.78**
30	**66 ± 2.51**

5.2.2 Análise da atividade biológica em ensaios celulares

As quatro moléculas seleccionadas das experiências de atividade *in vitro* foram então submetidas a um ensaio de citotoxicidade utilizando a linha de células T CD4+ humanas CEM-GFP. As células foram tratadas com várias concentrações dos quatro compostos **23, 24, 29** e **30** e foram depois analisadas quanto à concentração citotóxica (cc50) utilizando o ensaio MTT, tal como descrito na secção de métodos. Seguiu-se o tratamento de células CEM-GFP infectadas com o vírus HIV-1NL4.3 com estes compostos e a análise do antigénio p24 no sobrenadante de cultura das células por ELISA de captura do antigénio p24. Os resultados são apresentados no **quadro 3**, que indica que **29** e **30** são mais eficazes do que **23** e **24** e que o índice terapêutico [TI = cc50/ic50] de **29** (258,12) e **30** (318,26) parece ser melhor do que o TI da zidovudina (235,54) e do efavirenz (248,79) nas mesmas condições experimentais.

Quadro 3 Índice terapêutico (TI) de derivados seleccionados da naftoxazina

Composto	CC50 (gM)	IC50 (nM)	TI
Zidovudina	13.12 ± 0.191	55.7 ± 1.24	235.54
Efavirenz	40.49 ± 4.21	162.75±4.46	248.79
23	25.33 ± 1.21	239 ± 8.54	105.98
24	24.33 ± 1.20	253 ± 5.27	96.16
29	**24.66 ± 0.33**	**95.54 ± 3.52**	**258.12**
30	**26.33 ± 1.45**	**82.73 ± 2.25**	**318.26**

5.3 Estudos de acoplamento molecular

Para descobrir o provável modo de ação da atividade anti-VIH dos derivados da naftoxazina, realizámos estudos de modelação molecular e de acoplamento destas moléculas com a enzima transcriptase reversa do VIH-1, que podem fornecer pistas importantes com potencial para a terapêutica anti-VIH.

Os compostos **23, 24, 29** e **30** foram ancorados com sucesso na bolsa de ligação do HIV-1 RT. Alguns aminoácidos importantes da RT como Lys101, Lys102, Leu100, Tyr181, Tyr188, Phe227, Pro225, Pro226 e Val106 ligam-se ao inibidor por interacções hidrofóbicas. A pose de acoplamento de energia mais baixa de **23, 24, 29** e **30** revelou a presença de interação de ligação de hidrogénio com o resíduo crucial Lys103. A distância observada para a ligação de hidrogénio entre os compostos **30** e **24** e o resíduo-chave Lys103 foi de 2,35 A° e 2,13 A°, como se mostra na **Fig. 5.4** e na **Fig. 5.5**, respetivamente. As interacções de ligação de hidrogénio contribuem para a orientação 3D destes ligandos no sítio ativo da TR, facilitando as interacções estéricas e electrostáticas. Foi observada uma interação consistente de ligação de hidrogénio em quase todas as moléculas com o oxigénio do anel naftoxazina e o resíduo de aminoácido Lys103. Robert *et.al.,* nos seus estudos anteriores, explicaram que, para uma inibição bem sucedida da HIV-1 RT, os inibidores devem apresentar ligações de hidrogénio ao resíduo de aminoácido chave Lys103 e também devem apresentar fortes interacções hidrofóbicas com a bolsa de ligação da HIV-1 RT.[12] Além disso, a afinidade de retenção de **24** foi reforçada devido a fortes interacções estéricas e electrostáticas com os resíduos de aminoácidos presentes na bolsa de ligação da HIV-1 RT.

O docking do composto **24** na cavidade de ligação do HIV-1 RT **Fig. 5.4** mostrou interacções de van der Waals significativas com Tyr318 (-3,359 kcal/mole), Pro236 (-4,73 kcal/mole), His235 (-3,424 kcal/mole), Leu234 (-3,335 kcal/mole), Trp229 (- 1.920 kcal/mole), Phe227 (-4,300 kcal/mole), Pro226 (-2,287 kcal/mole), Glu224 (-1,131 kcal/mole), Tyr188 (-3,658 kcal/mole), Tyr181 (-1,489 kcal/mole), Ser105 (-1,077 kcal/mole), Lys104 (- 1,070kcal/mole) e Leu100 (-3,551 kcal/mole). Foi observada uma série de interacções electrostáticas favoráveis com Tyr318 (-3,966 kcal/mole), Pro236 (-4,793 kcal/mole), His235 (-3,333 kcal/mole), Leu234 (-3,192 kcal/mole), Trp229 (- 2,277 kcal/mole), Phe227 (-4,209 kcal/mole), Pro226 (-2.210 kcal/mole), Glu224 (-0.922 kcal/mole), Tyr188 (-4.316 kcal/mole), Tyr181 (-1.624 kcal/mole), Ser105 (-0.895 kcal/mole), Lys104 (-1.205 kcal/mole), e Leu100 (-3.729 kcal/mole) que estabilizaram o composto 24 no sítio ativo.

O composto 30 mostrou a semelhança de interacções **Fig. 5.5** como observado para o composto 24 e foi estabilizado no sítio ativo através de fortes interacções de van der Waals com Tyr318 (-3,280 kcal/mole), Pro236 (-5,213 kcal/mole), His235 (-3,578 kcal/mole), Leu234 (-3.026 kcal/mole), Trp229 (- 2,14 kcal/mole), Phe227 (-4,015 kcal/mole), Pro226 (-2,623 kcal/mole), Glu224 (-1,047 kcal/mole), Tyr188 (-3.712 kcal/mole), Tyr181 (1,469 kcal/mole), Ser105 (-1,062 kcal/mole), Lys104 (-1,070 kcal/mole) e Leu100 (-3,509 kcal/mole). Além disso, foi observada uma série de interacções electrostáticas favoráveis com Tyr318 (-3,804 kcal/mole), Pro236 (-5,218 kcal/mole), His235 (-3,665 kcal/mole), Leu234 (-3,045 kcal/mole), Trp229 (- 2,493 kcal/mole), Phe227 (-3,90 kcal/mole), Pro226 (2.529 kcal/mole), Glu224 (-1,117 kcal/mole), Tyr188 (-4,358 kcal/mole), Tyr181 (-1,603 kcal/mole), Ser105 (-0,905 kcal/mole), Lys104 (-1,173 kcal/mole) e Leu100 (-3,639 kcal/mole) que estabilizaram o composto 30 no sítio ativo. Do mesmo modo, os compostos 23 e 29 apresentaram interacções de van der Waals e electrostáticas favoráveis.

A análise da interação por resíduo revelou que as forças motrizes para as interacções fundamentais entre estes derivados da naftoxazina e o local ativo da transcriptase reversa do VIH foram as interacções estéricas e electrostáticas, juntamente com as ligações de hidrogénio e as interacções hidrofóbicas. A pontuação de acoplamento dos compostos 24, 29, 23 e 30 foi de -11,399, -11,294, -10,719 e -10,234, respetivamente, o que mostra que estes compostos têm uma aderência substancial ao local de ligação da transcriptase reversa do VIH-1. Assim, o mecanismo de ação para a atividade antiviral destes compostos pode ser através da inibição do sítio ativo do VIH-1 RT.

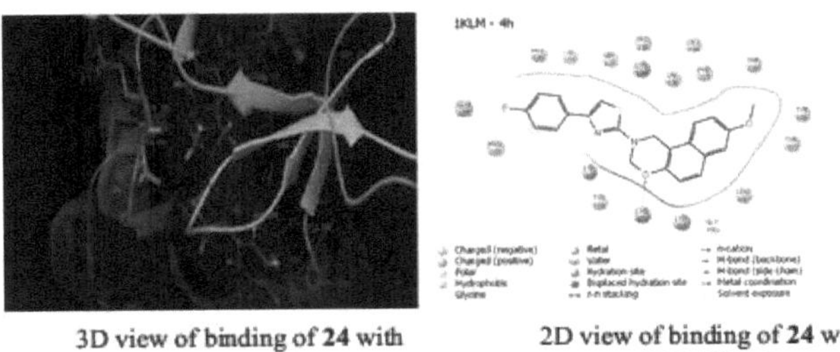

3D view of binding of 24 with   2D view of binding of 24 with
PDB:1KLM   PDB:1KLM

Fig. 5.4 Vista 3D (painel da esquerda) e 2D (painel da direita) da ligação do composto 24 ao sítio ativo do HIV-1 RT (PDB:1KLM).

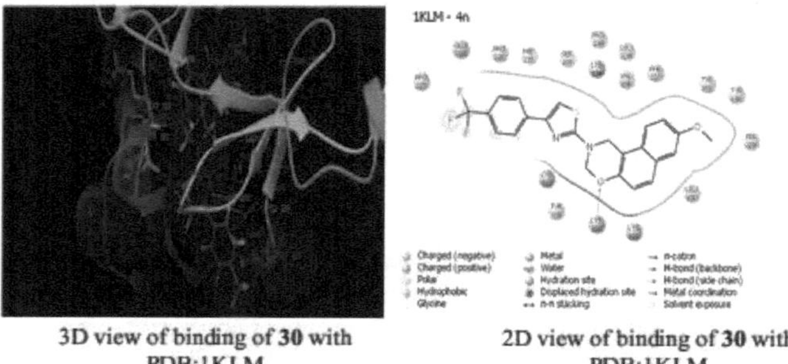

3D view of binding of 30 with
PDB:1KLM

2D view of binding of 30 with
PDB:1KLM

Fig. 5.5 Vista 3D (painel da esquerda) e 2D (painel da direita) da ligação do composto **30** ao sítio ativo do HIV-1 RT (PDB:1KLM).

Validação do procedimento de acoplamento:

Para validar o nosso procedimento de acoplamento, o ligando co-cristalizado SPP foi extraído da bolsa de ligação e foi reacoplado no local ativo do HIV-1 RT. Os estudos de acoplamento foram ainda validados através do cálculo do valor do desvio quadrático médio (RMSD), que se verificou ser inferior a 2 A°.

5.4 Discussão

Nos últimos tempos, o VIH-1 tem causado uma grande devastação a nível mundial. Embora a terapia combinada atualmente disponível reduza a carga viral circulante para níveis indetectáveis, o grande problema do aparecimento de estirpes virais resistentes aos medicamentos e da toxicidade mantém-se. A transcriptase reversa, sendo uma enzima fundamental no ciclo de vida do VIH-1, continua a ser um alvo importante para a conceção de novos compostos destinados a inibir a replicação do VIH-1. Por conseguinte, a utilização de novas abordagens para a RT do VIH-1 pode ajudar a tornar as terapêuticas actuais mais eficazes.[13] Sintetizámos 14 novos derivados da naftoxazina, incorporando estruturas de 1,3-oxazina e de tiazol com base em estudos de acoplamento e investigações SAR, e estudámo-los quanto à sua atividade anti-VIH. Os nossos dados sugerem que todos os 14 derivados **17-30** têm atividade inibitória sobre o HIV-1 RT a 1 ug/niL no ensaio RDDP *in vitro*. Destes 14 novos compostos, **23, 24, 29** e **30** parecem inibir a atividade RT de forma mais potente. Por conseguinte, estes compostos foram considerados para estudos posteriores. A determinação do valor EC50 destes compostos pelo ensaio RDDP indica que todos os 4 compostos inibem a RT do VIH-1 a uma concentração significativamente baixa, mas **o 29** e **o 30** inibiram a atividade de RT do VIH-1 a uma concentração aproximadamente 3 vezes inferior à do NNRTI de controlo, Inophyllum B, e 2,5 vezes inferior à do Efavirenz.

Uma vez que todos os análogos concebidos **17-30** apresentaram resultados satisfatórios para a atividade inibitória da RT do VIH-1, para avaliar o mecanismo de ação destes inibidores, foram realizados estudos de acoplamento. A partir dos estudos de acoplamento, observou-se que os compostos seleccionados **23, 24, 29** e **30** apresentavam uma ligação significativa com o sítio ativo da AR do VIH-1. Foram observadas interacções hidrofóbicas entre resíduos-chave como Leu100, Lys102, Val106, Val106, Tyr181, Tyr188 e Pro226. Além disso, foram observadas interacções de ligação de hidrogénio entre os inibidores e o resíduo de aminoácido Lys103 no local ativo da RT, o que é um requisito importante para que os inibidores actuem como NNRTI. Estes estudos revelaram a elevada afinidade de ligação destes compostos a resíduos de aminoácidos chave como o Lys103. A ligação a resíduos de aminoácidos chave

106

como o Lys103 sugere que a afinidade de ligação dos inibidores ao sítio ativo é menos sensível às mutações pontuais.

Além disso, a análise detalhada do complexo inibidor da enzima RT do VIH-1 revelou várias interacções-chave que desempenham um papel importante na ligação. A orientação angular e tridimensional do núcleo da naftoxazina facilita a ligação de hidrogénio dos aminoácidos na cavidade de ligação do VIH-1 RT com o oxigénio da oxazina, mostrando uma ação inibidora razoavelmente boa sobre a enzima RT. Entre os análogos concebidos, **23, 24, 29** e **30** apresentam uma inibição significativa, indicando que a substituição fluoro e trifluorometil na posição 4 do anel fenílico aumenta significativamente a potência destes compostos. Este facto observado é atribuído à maior eletronegatividade do flúor, que altera a lipofilicidade dos compostos através de interacções hidrofóbicas e acaba por aumentar a afinidade de ligação à enzima. Os compostos **29** e **30** apresentaram uma maior potência do que os compostos **23** e **24** devido ao tamanho ótimo do grupo trifluorometilo para se encaixar na bolsa enzimática.

Além disso, determinámos o TI destes compostos através da determinação do valor CC_{50} e do valor IC_{50} na linha de células T CD4+T repórter humanas infectadas pelo VIH-1, CEM-GFP. Os nossos dados sugerem que tanto o **29** como o **30** apresentam um TI relativamente elevado (258 e 318, respetivamente), que é comparável ou melhor do que alguns dos inibidores de RT atualmente utilizados. Em conjunto, estes dados sugerem que o **29** e o **30** têm uma atividade anti-VIH significativa que se deve à inibição da atividade da enzima RT e estes derivados da naftoxazina devem ser considerados como potenciais inibidores da RT para conceber moléculas ainda mais potentes e específicas do que o **29** e o **30**. Estes podem ajudar-nos a combater o problema da citotoxicidade e da resistência aos medicamentos das moléculas anti-HIV atualmente disponíveis.

5.5 Materiais e métodos

5.5.1 Cultura de células

A linha de células T CD4+ repórter humanas, CEM-GFP[27], foi obtida do programa de reagentes NIH AIDS, Division of AIDS, NIAIDS, EUA. As células foram cultivadas em meio RPMI-1640 (Invitrogen, EUA) contendo 10% de soro fetal bovino (FBS) na presença de 100 U/ml de penicilina (Invitrogen, EUA) e 100ug/ml de estreptomicina (Invitrogen, EUA) para evitar a contaminação bacteriana. Foi adicionado ao meio 500 ug/nil de G418 (Invitrogen, EUA) como antibiótico seletivo.

5.5.2 Ensaio de atividade da polimerase do ADN dependente do ARN do VIH-1 RT (ensaio RDDP)

O efeito dos derivados de naftoxazina na atividade de ADN polimerase dependente de ARN da enzima transcriptase reversa do VIH-1 foi testado com o kit de ensaio colorimétrico da transcriptase reversa do VIH-1 (Roche, Alemanha), de acordo com o protocolo do fabricante. Resumidamente, 0,5 ng de enzima transcriptase reversa recombinante do HIV-1 em tampão de reação e compostos de interesse foram incubados à temperatura ambiente durante 5-10 min. Em seguida, adicionou-se a mistura de reação contendo Poly rA/OligodT (modelo/primers) e uma mistura de nucleótidos dUTP marcados com biotina ou digoxigenina para iniciar a transcrição reversa a 37 °C durante 16 horas. Após a reação de RT, a mistura de reação foi carregada em placas revestidas com estreptavidina para permitir a ligação da estreptavidina à biotina nos nucleótidos biotinilados que foram incorporados no ADN recém-sintetizado. Os nucleótidos não aderidos foram removidos por lavagem com tampão de lavagem e foi adicionado anti-DIG-POD para permitir a ligação dos nucleótidos digoxigenina. Adicionou-se o substrato ABTS para observar a reação colorida, que foi lida a 405 nm.

5.5.3 Ensaio de proliferação celular MTT

A citotoxicidade dos derivados de naftoxazina (**23, 24, 29** e **30**) foi avaliada pelo ensaio de proliferação celular MTT em células CEM-GFP, conforme descrito anteriormente.[14] Resumidamente, 25 000 células CEM-GFP/poço foram semeadas numa placa de 96 poços e foram tratadas com diferentes concentrações (1, 5, 10, 15 e 20ug/mL) de moléculas de interesse; as células não tratadas/tratadas com DMSO foram utilizadas como controlos e incubadas a 37 °C em câmara humidificada. 48 horas após a incubação, foram adicionados 10 ul/poço do reagente MTT (5 mg/ml) (Sigma, EUA) e incubados durante 24 horas a 37 °C para permitir que a catálise do substrato MTT formasse cristais de formazan, que foram depois solubilizados em 100 ul de isopropanol e a absorvância foi lida a 540 nM.

5.5.4 Infeção pelo VIH-1 das células CEM-GFP e análise da atividade anti-VIH

Para a infeção, as células CEM-GFP foram ressuspendidas em meio contendo 1ug/inl de polibreno e infectadas com 0,1 MOI de vírus HIV-1NL4-3 durante 4 horas, tal como descrito anteriormente.[15] As células foram lavadas duas vezes com RPMI sem soro após a incubação e semeadas em placas de 24 poços. As células não tratadas e as células tratadas com DMSO foram utilizadas como controlos. No dia-07 após a infeção, o sobrenadante da cultura celular foi recolhido de cada poço e analisado quanto à produção de vírus por ELISA de captura do antigénio p24.

5.5.5 Ensaio de imunoabsorção enzimática de captura do antigénio p24 do VIH-1 (p24 ELISA)

A produção de vírus foi determinada utilizando o kit HIV-1 p24 ELISA (Advanced Bioscience Laboratories, EUA). O sobrenadante da cultura celular foi lisado em Triton-X 100 a 0,5%, diluído em RPMI e 100 ul foram colocados nos poços revestidos com anticorpo p24. Em seguida, foi realizado um ensaio ELISA para detetar o antigénio central p24, de acordo com o protocolo do fabricante.

5.5.6 Estudos de acoplamento

Para examinar os estudos de ligação dos derivados de naftoxazina com o sítio ativo da transcriptase reversa (RT) do VIH-1, foram realizados estudos de acoplamento utilizando Glide (Glide, versão 7.0, Schrodinger, LLC, Nova Iorque, NY, 2016), utilizando a estrutura cristalina da RT do VIH-1 obtida do banco de dados de proteínas (PDB:1KLM). O LigPrep (LigPrep, versão 3.7, Schrodinger, LLC, Nova Iorque, NY, 2016) foi utilizado para preparar os ligandos utilizando valores predefinidos.

O Glide requer que as ordens de ligação e os estados de ionização sejam corretamente atribuídos e tem um melhor desempenho quando as cadeias laterais são reorientadas quando necessário e os conflitos estéricos são aliviados.[16,17] Por conseguinte, a proteína foi purificada utilizando o assistente de preparação de proteínas presente no Maestro 10.5 (Maestro, versão 10.5, Schrodinger, LLC, Nova Iorque, NY, 2016). Todas as moléculas de água foram eliminadas. Os átomos de H foram removidos e novamente adicionados à proteína, incluindo os protões necessários para definir a ionização correcta e os estados tautoméricos dos resíduos de aminoácidos. O campo de força OPLS-2005 foi utilizado para aliviar os conflitos estéricos potencialmente existentes nas estruturas para a minimização da estrutura, que foi efectuada com o módulo de refinamento de impacto.[18] A minimização foi terminada quando a energia convergiu ou a raiz do desvio quadrático médio atingiu um corte máximo de 0,30 A.

A grelha foi preparada utilizando o painel de geração de grelhas do glide, utilizando as predefinições, para descobrir um local ativo. A grelha foi gerada para definir a área em torno do ligando nativo onde este se liga ao recetor. O ligando foi selecionado para definir a posição e o tamanho do sítio ativo. A grelha gerada foi posteriormente utilizada para estudos de acoplamento que foram efectuados utilizando o método de acoplamento Glide XP.

5.6 Conclusão

Sintetizámos e avaliámos biologicamente uma série de novos derivados de naftoxazina **17-30** que contêm um núcleo angular de *2,3-dihidro-1H-nafto*[1,2-e][1,3] oxazina necessário para a inibição da enzima RT do VIH-1. A inclusão de flúor nas moléculas concebidas, ou seja, **23, 24, 29 e 30,** conferiu uma bioatividade óptima devido à alteração da lipofilicidade através de interacções hidrofóbicas. Estes compostos exibem uma inibição potente do VIH-RT e os compostos **29 e 30** apresentaram melhor TI do que a Zidovudina e o Efavirenz. Por conseguinte, este estudo sugere que estes compostos têm um grande potencial para uma maior otimização e desenvolvimento como inibidores do VIH-1.

Referências

1. ONUSIDA. Fact sheet 2016 | ONUSIDA http://www.unaids.org/en/resources/fact-sheet.
2. AIDSinfo. Noções básicas sobre a prevenção do VIH | Compreender o VIH/SIDA | AIDSinfo https://aidsinfo.nih.gov/education-materials/fact-sheets/20/48/the-basics-of-hiv-prevention.
3. Hu, W.-S.; Hughes, S. H. *Cold Spring Harb. Perspect. Med.* **2012**, *2*, 10, a006882-. doi:10.1101/cshperspect.a006882.
4. Abbondanzieri, E. a; Bokinsky, G.; Rausch, J. W.; Zhang, J. X.; Le Grice, S. F. J.; Zhuang, X. *Nature.* **2008**, *453*, 184-189.
5. Opp, S.; Fricke, T.; Shepard, C.; Kovalskyy, D.; Bhattacharya, A.; Herkules, F.; Ivanov, D. N.;Baek, K.; Valle-Casuso, J.; Diaz-Griffero, F. *Chem. Biol. Drug Des.* **2016**. 89, 608-618.
6. Kaminski, R.; Chen, Y.; Fischer, T.; Tedaldi, E.; Napoli, A.; Zhang, Y.; Karn, J.; Hu, W.; Khalili, K. *Sci. Rep.* **2016**, *6*, 225-255.
7. Vrouenraets, S. M. E.; Wit, F. W. N. M.; van Tongeren, J.; Lange, J. M. A. **2007**, *8*, 851-871.
8. De Clercq, E. Nat. *Rev. Drug Discov.* **2007**, 6, 12, 1001-1018.
9. Esposito, F.; Corona, A.; Tramontano, E. *Mol. Biol. Int.* **2012**, 2012, 1-23.
10. Beilhartz, G. L.; Gotte, M. *Viruses.* **2010**, 2, 900-926.
11. Jorgensen, W. L.; Ruiz-Caro, J.; Tirado-Rives, J.; Basavapathruni, A.; Anderson, K. S.; Hamilton, A. D. *Bioorg. Med. Chem. Lett.***2006**, *16*, 3, 663-667.
12. Esnouf, R.; Ren, J.; Ross, C.; Jones, Y.; Stammers, D.; Stuart, D. *Nat. Struct. Biol.* **1995**, *2* , 4, 303-308.
13. Coffin, J.; Swanstrom, R. *Cold Spring Harb. Perspect. Med.* **2013**, *3* (1).
14. Gervaix, A.; West, D.; Leoni, L. M.; Richman, D. D.; Wong-Staal, F.; Corbeil, J.; Gallo, R. C. *Med. Sci.* **1997**, *94*, 4653-4658.
15. Mosmann, T. *J. Immunol. Methods.* **1983**, *65*, 55-63.
16. Vicenzi, E.; Poli, G. *Curr. Protoc. Immunol.* **2005**, *Capítulo 12*, Unidade 12.3.
17. Halgren, T. A.; Murphy, R. B.; Friesner, R. A.; Beard, H. S.; Frye, L. L.; Pollard, W. T.; Banks, J. L. *J. Med. Chem.* **2004**, *47* (7), 1750-1759.
18. Friesner, R. A.; Banks, J. L.; Murphy, R. B.; Halgren, T. A.; Klicic, J. J.; Mainz, D. T.; Repasky, M. P.; Knoll, E. H.; Shelley, M.; Perry, J. K.; Shaw, D. E.; Francis, P.; Shenkin, P. S. Glide: *J. Med. Chem.* **2004**, *47*, 1739-1749.
19.

Printed by Books on Demand GmbH, Norderstedt / Germany